电网技术降损管理与评价

国网天津市电力公司　主编

天津大学出版社
TIANJIN UNIVERSITY PRESS

图书在版编目(CIP)数据

电网技术降损管理与评价 / 国网天津市电力公司主
编. -- 天津 : 天津大学出版社, 2021.12
 ISBN 978-7-5618-7109-6

Ⅰ.①电… Ⅱ.①国… Ⅲ.①电力系统－降损措施
Ⅳ.①TM714.3

中国版本图书馆CIP数据核字(2022)第004170号

出版发行	天津大学出版社	
地　　址	天津市卫津路92号天津大学内(邮编:300072)	
电　　话	发行部:022-27403647	
网　　址	www.tjupress.com.cn	
印　　刷	北京盛通商印快线网络科技有限公司	
经　　销	全国各地新华书店	
开　　本	787×1092　1/16	
印　　张	10.75	
字　　数	262千	
版　　次	2021年12月第1版	
印　　次	2021年12月第1次	
定　　价	59.00元	

《电网技术降损管理与评价》
编委会

主　编　满玉岩　周亚楠

参　编　刘　喆　苏　强　孙建刚　高聪颖　张胜一
　　　　　　李　楠　宁　琦　张　弛　李苏雅　方　琼
　　　　　　张锡喆　于　平　高天阔　金　曦　钱丽明
　　　　　　周　森　潘星辰　房克荣　王建虎　庞玉志

前　言

随着"碳达峰、碳中和"这一国家策略的快速推进,电网企业作为能源领域的关键环节之一,在双碳目标的实现过程中起着至关重要的作用。一方面,电力能源是双碳路径上最重要的能源形式,电网企业需要为其规划、生产、输送和消费的全过程提供支撑和保障;另一方面,电力企业需要从本身的生产运营角度出发,积极探索,采用新技术、新材料,建设绿色电网,降低电网自身的碳排放,践行节能减排的社会责任。

线损是电能在输送、变压、配电及营销各个环节中所产生的损耗,电网线损在电网运行过程中不可避免,且总量可观,以 2020 年为例,国家电网公司售电总量为 4.6 万亿 kW·h,综合线损率为 5.87%,线损总量为 0.27 万亿 kW·h,相当于产生了 0.734 4 亿 t 的碳排放,降损减排空间巨大。为此,国家电网公司统一部署,以降低线损、缩减输配电成本、降低碳排放为目标,全面开展了电网线损精益化管控工作。其中,通过技术手段实现电网技术线损的最优化,以保证电网的经济运行,称为技术降损。

为更好地推进技术线损的精益化管控工作,进一步降低线损率,国家电网公司总结技术降损工作中的经验和教训,结合国家电网公司对技术降损工作的工作要求和指示精神,组织相关人员编写了这本系统的、面向所有专业岗位的技术降损管理与评价培训教材。本教材在编写过程中充分考虑了理论知识和实际工作的融合,对技术降损管理与评价方面的理论、技术、方法和规范按照各个业务方向的实际需求进行了提炼和总结,能使读者较快地对技术降损管理与评价有一个全面的了解。

全书分为电网技术降损管理与评价综述、电网线损计算、电网技术降损措施、技术降损典型解决方案、电网技术降损分析与评价五个章节。第 1 章主要介绍电网线损、电网线损管理、电网技术降损管理相关的概述性内容,目的是帮助读者学习相关的基础知识,初步了解电网技术降损管理与评价的知识架构。第 2 章采用理论方法和实际算例相结合的方式介绍电网及主要电网设备线损的计算方法。第 3 章以国家电网公司技术降损相关文件为基础,展开介绍主要的技术降损措施。第 4 章结合实例,介绍典型场景的技术降损解决方案。第 5 章通过具体算例,介绍电网技术降损节能量化计算方法和过程,并以某地技术降损工作为例,从区域电网基本情况、变电设备降损评价、输电线路降损评价、配电设备降损评价等方面展开分析,全面梳理电网网架及无功配置、设备选型、经济运行现状,查找薄弱环节,提出有针对性的降损措施及要求。

目　　录

第1章 电网技术降损管理与评价综述

本章主要介绍电网线损、电网线损管理、电网技术降损管理与评价相关的概述性内容,目的是帮助读者学习相关的基础知识,初步了解电网技术降损管理与评价的知识架构,为后续章节的学习奠定基础。

1.1 电网线损概述

电能从发电企业输送到电力用户终端的过程,在输电、变电、配电和营销等环节中,由于技术因素或管理因素造成的电量损耗,称为线损电量,简称线损。线损与一个供电区域电网的规划设计水平、负荷分布、生产技术水平和运营管理水平等因素有关,是考核区域电网规划建设水平和运行经济性的重要指标。

1.1.1 基本概念

1. 线损

1)线损电量

线损电量是指从发电厂与电网结算上网电量的关口表计量点至电力用户结算的关口表计量点之间所有的电能损耗,一般是规定时间内的统计值。如月、季、年度线损电量,可通过供电量与售电量相减计算得到,即

$$线损电量 = 供电量 - 售电量 \qquad (1-1)$$

其中,供电量是指供电区域所有的输入电量,包括区域内发电厂上网电量、区域内分布式能源上网电量、区域外净输入电量;售电量是指出售给电力用户(含趸售用户)的电量和电力企业供给本企业非电力生产、基建和非生产部门所使用电量的总和。

2)统计线损

统计线损即规定时间内的实际线损电量,是上级考核线损指标完成情况的重要依据。

3)技术线损

技术线损又称理论线损,是根据供电设备的参数(导线的规格、型号、长度,设备的额定容量等)和电网当时的运行方式、潮流分布以及负荷情况,由理论计算得出的损耗电量。技术线损的理论计算是加强线损管理的一项重要技术手段,为电网降损改造提供理论和技术依据,使降损工作抓住关键和重点,提高降损和节能的效果,从而使线损管理更加科学合理。所以,在电网的建设、改造及正常运行管理中都要经常进行线损理论计算。

4)管理线损

管理线损是指在电网运行及营销管理过程中,由于管理方面的原因造成的电量损耗,其

等于统计线损（实际线损）与理论线损之间的差值，通常是指不明损失，也称其他损失。它主要包括各种电能表的综合误差、抄表不同时、漏抄、错抄、错算所造成的统计数值不准确，无表用户和窃电等造成的电量损失，带电设备绝缘不良引起的漏电损耗等。

5）经济线损

经济线损是指区域电网或线路运行在最佳运行状态时，通过理论计算得到的对应的线损值，相应的电流称为经济电流。

2. 线损率

线损率是电力网络中损耗的电能（线损电量）占向电力网络供应电能（供电量）的百分数。线损率是衡量线损高低的指标，是电网企业用来考核电力系统运行经济性的一项综合性技术经济指标。

$$线损率 = \frac{线损电量}{供电量} \times 100\% \tag{1-2}$$

$$有损线损率 = \frac{线损电量}{供电量-无损电量} \times 100\% \tag{1-3}$$

无损电量是一个相对概念，是指在某一电压等级下或某一供电区域内没有产生线损的供（售）电量。

（1）全无损电量。在营销管理中，某些特殊情况下，会存在由于购电的计量点和售电的计量点是同一块计量表计或者是在同一母线上（且有购、售关系）的两块表计，如果忽略电流在母线上的损耗，这类供电量和售电量对于供电企业来说，不承担电能在电网传输及电力营销中的任何损耗，可以将这部分电量称为全无损电量。

（2）本级电压无损电量。在实际线损管理中，通常将以变电站出线关口表计费的专线电量称作无损电量。需强调的是，这种无损电量的所谓"无损"是一个相对的概念。例如，对 10 kV 电压等级而言，10 kV 首端计费的专线电量是无损电量；但对于 35 kV 及以上电压等级而言，10 kV 首端计费的专线电量则经历了 35 kV 及以上电网输送，显然存在损耗，因此在计算 35 kV 及以上电网线损率时，10 kV 首端计费的专线电量不能看作无损电量。

供电企业在进行线损统计计算时，从供、售电量中分离出无损电量的目的在于：一方面可以查找本级电压电网线损发生的环节，从而进行有针对性的分析，并制定降损措施；另一方面能得到客观反映管理水平的线损率，更便于不同电网企业之间的比较和分析。

1.1.2　技术线损的产生与构成

电网的技术线损通常分为负载损耗（可变损耗）和空载损耗（固定损耗）。负载损耗是指输、变、配电设备中的铜损，它与流过电流的平方成正比。空载损耗是指变电设备中的铁损，输、变、配电设备的电晕损耗，绝缘介质损耗以及仪表和保护装置中的损耗，这部分损耗一般与运行电压有关。

1. 技术线损的产生

1）电阻损耗

电能在电网传输过程中,由于输电、配电线路和涉网元件电阻的存在而产生损耗,以热能的形式散失到电气设备周围的介质中,这种损耗称为电阻损耗。电阻损耗可用下式计算：

$$\Delta P = I^2 R \tag{1-4}$$

其中,ΔP 为电阻损耗,MW；I 为流过设备电阻的电流,kA；R 为电网或线路的等效电阻值,Ω。

由式（1-4）可知,电阻损耗与流经电气设备的电流的平方成正比。

2）铁芯损耗

对于变压器、电抗器、互感器、调相机等设备而言,只有在磁场的维持下才能正常运转,如变压器需要建立并维持交变磁场,才能起到升压和降压的作用。然而,在电磁转换过程中,由于磁场的作用,在电气设备的铁芯中产生磁滞和涡流现象,使电气设备的铁芯温度升高和发热,从而产生了铁芯损耗,简称铁损。一般铁芯损耗大小取决于系统电压的高低,其大致与电压的平方成比例。以变压器为例,其铁芯损耗可采用下式计算：

$$\Delta P = P_0 \left(\frac{U}{U'} \right)^2 \tag{1-5}$$

其中,ΔP 为铁芯损耗,kW；P_0 为变压器的额定空载损耗,kW；U 为变压器实际运行电压,kV；U' 为变压器分接头电压,kV。

由于电网中各电压等级电压波动较小,因此铁芯损耗相对稳定,故称固定损耗。

3）电晕损耗

电晕是指集中在曲率较大电极附近的不完全自激放电现象。较高电压的设备裸露在大气中的导电部分在电压作用下产生电晕,并随之产生电晕损耗。电晕损耗与相电压的平方成正比,并与导线的等效直径、表面粗糙度等几何物理特征和空气压力、密度、湿度等气象条件有关。目前尚没有精确计算电晕损耗的公式,一般可按其年均损耗约为线路年均电阻损耗的 10% 进行估算,或采用经验公式进行计算,即

$$\Delta P = K_Y L \left(\frac{U}{U_N} \right)^2 \tag{1-6}$$

其中,ΔP 为电晕损耗；K_Y 为额定电压和标准气象条件下单位长度线路的电晕损耗,kW；L 为线路长度,km；U 为线路实际运行电压,kV；U_N 为系统额定电压,kV。

一般情况下,只对 220 kV 及以上线路和 110 kV 线路导线截面面积小于 185 mm² 的架空线路进行计算。

4）介质损耗

各种电气设备的非气体绝缘材料在电场作用下,由于介质电导和介质极化的滞后效应,在其内部引起的能量损耗,称为介质损耗,也称为介质损失,简称介损。同时,各种气体绝缘的表面均有泄漏电流流过,也产生电能损耗,一般将这种损耗归入介质损耗中。介质损耗可采用下式计算：

$$\Delta P = \omega C U^2 \tan \delta \qquad (1\text{-}7)$$

其中，ΔP 为介质损耗；ω 为系统角频率，$\omega = 2\pi f$；C 为设备对地电容，F；U 为实际运行电压，kV；$\tan \delta$ 为设备相对的介质损耗角正切值。

在电网线损构成中，首先电阻损耗所占比例最大，为全部损耗的 70%～75%；其次是铁芯损耗，占总损耗的 20%～25%；电晕损耗和介质损耗仅占总损耗的 1%～3%，特别是在电压较低如 110 kV 及以下电网中，电晕损耗和介质损耗几乎可以忽略不计。

2. 技术线损的分类

技术线损可以分为不变损耗和可变损耗。

1）不变损耗

不变损耗也称空载损耗（铁损）或基本损耗，它与设备所接入电压及电网频率紧密相关，一般情况下不随负荷变化而发生改变。不变损耗主要包括：发电厂、变电站变压器及配电变压器的铁损，高压线路的电晕损耗，调相机、调压器、电抗器、互感器、消弧线圈等设备的铁损，电容器以及电缆的介质损耗以及绝缘子泄漏电流引起的损耗等。

2）可变损耗

可变损耗也称为负载损耗或短路损耗，它随着负荷变化而改变，与电流的平方成正比，流过的电流越大，该部分损耗越大。可变损耗主要包括：发电厂、变电站变压器及配电变压器的铜损，即电流流经线圈的损耗；输、配电线路的铜损，即电流通过导线电阻的损耗；调相机、调压器、电抗器、互感器、消弧线圈等设备的铜损；架空导线负荷电流在避雷线上感应的接地环流产生的损耗；接户线的铜损等。

3. 线损电量的构成

线损电量由输电线路损耗、主变压器损耗、配电线路损耗、配电变压器损耗、低压网络损耗、无功补偿设备及电抗器损耗几部分组成。

电网线损的分类及相互关系如图 1-1 所示。

图 1-1　电网线损的分类及相互关系

电网线损的构成比例是通过线损理论计算与分析确定的。为明确降损主攻方向，制定科学的降损措施，线损管理部门及人员应及时掌握所辖电网线损的变化规律和线损的构成比例。

　　目前,在进行线损理论计算时,根据电网中各种电气设备损耗电量的大小和主次情况,一般只计算线路导线的损耗、变压器的铜损和铁损以及其他元件(如电容器、电抗器、互感器、调相机等)的损耗,从而得到电网的总损耗。

1.1.3　电网线损影响因素

1. 城市化率

　　电网线损与经济、人文、产业等区域宏观因素紧密相关。对区域电网来说,城市化程度高,则人口与经济活动集中,电力用户及负荷在地理分布上相对集中(负荷密度较高),供电线路的长度、供电半径极短,有利于降低电网的损耗。而城市化程度较低的地区,人口分散,对应的电力负荷在地理分布上较为分散,客观上造成供电区域分散、线路长、供电半径大,线路产生的损耗相应升高。

　　城市化率是反映区域宏观因素的重要指标。南方某省 2019 年部分地市的城市化率、10 kV 干线的平均长度的统计数据见表 1-1。可以看出,城市化率越高,线路长度越短。

表 1-1　南方某省 2019 年部分地市的城市化率与供电线路平均长度统计

城市	2019 年城市化率(%)	10 kV 干线平均长度(km)
1	95.77	3.11
2	89.46	5.32
3	84.96	6.15
4	71.05	8.77
5	55.15	10.86
6	42.26	12.03

2. 电源结构

　　目前,我国的电源结构复杂,包括火电、水电、核电、集中式风电和光伏发电、分布式新能源发电和其他发电方式等。截至 2020 年年底,全国全口径发电装机容量 220 204 万 kW,比上年增长 9.6%。其中,水电 37 028 万 kW,比上年增长 3.4%(抽水蓄能 3 149 万 kW,比上年增长 4.0%);火电 124 624 万 kW,比上年增长 4.8%(煤电 107 912 万 kW,比上年增长 3.7%;气电 9 972 万 kW,比上年增长 10.5%);核电 4 989 万 kW,比上年增长 2.4%;并网风电 28 165 万 kW,比上年增长 34.7%;并网太阳能发电 25 356 万 kW,比上年增长 24.1%。由于我国能源分布不平衡,电源中心和负荷中心大多不重合,输电线路线损占比较大。近年来,特高压交直流输电线路的建设,大大降低了输电线损。同时,分布式新能源发电快速发展,可提供就近供电,能够减少电能的传输环节,缩短供电距离,降低电网损耗。

3. 产业结构

电力用户的供电电压较高时,电能传输的环节减少,产生的损耗减少,反之损耗升高。低压电力用户的电能传输的环节最多,相比较高压供电电压的电力用户,低压电力用户在电网中产生的损耗最高。

从产业结构的角度来看,第一产业(按照三次产业分类法划分)比重较高的地区,工业化程度较低,电网的低压电力负荷比重较高,造成电能传输经过的电压等级多,损耗环节多,导致供电企业损耗升高;而且电力负荷在地理分布上相对较为分散、供电距离长,亦造成电网损耗上升。

第二和第三产业比重较高的地区,电力负荷更多地集中在 10 kV 及以上电压等级,因此电能传输环节较少,传输过程中的损耗相应减少;尤其是第三产业比重较高的地区,负荷集中、供电半径小,因此产生的损耗也会较低。

4. 电网内部因素

影响电网线损的内部因素分为直接技术因素、综合技术因素和管理因素。

1)影响线损的直接技术因素

(1)线路的长度、导线的截面积和导线材料。

(2)变压器和其他设备的空载损耗及负载损耗。

(3)负荷电流的数值及其变化。

(4)系统电压的数值及其变化。

(5)环境温度和设备散热条件。

(6)电气设备的绝缘状况。

(7)导线等值半径和气象条件。

(8)变电站用各种辅助装置的数量和效率。

2)影响线损的综合技术因素

(1)区域电网系统结构,主要指电源、输配电线路与负荷的空间布置、容量配合以及电压级次等要素的组合状态。

(2)电压等级。电压等级既是系统布局中的一个因素,同时也是一个独立的因素。电压等级虽然表面上取决于电能输送距离和输送容量。但其中都包含电能损耗的因素,特别是在配电网中,选择合理的电压等级、减少降压层次是降损的重要途径。

(3)无功补偿装置的安装容量和分布。各电压等级网络中无功补偿装置的容量需满足功率因数达到 0.95 的要求,无功补偿装置的分布需满足就地平衡的原则。

(4)运行方式。电网在不同的运行方式下有不同的线损率,其中损耗较小的运行方式称为经济运行方式。电网在保证系统安全稳定运行的前提下,应选择在经济运行方式下运行。

(5)计量技术。供电量和售电量都要经过一定的计量技术手段来测量和记录,所以计量技术对线损和线损率有较大的影响。电能计量装置的准确度及灵敏度、接线的正确性和计量点的合理性等都对电量具有关键性的作用。

3）影响线损的管理因素

（1）供电关口电能计量装置的完整性、正确性和准确度。供电关口电能计量装置的完整性是指电网的全部进入关口点都装有电能计量装置而无遗漏；正确性是指关口电能计量装置的安装位置、接线、变比、倍率等正确无误，对有电量交换的关口，进出方向也需正确；准确度是指关口电能计量装置的精度需符合相关规定。

（2）用户计费电能计量装置的完整性、正确性和准确度。用户计费电能计量装置一般都由电网企业安装和管理，抄表也由电网企业进行，但用户计费电能计量装置数量巨大、地域分布广、管理环节多，因而要保证其完整性、正确性和准确度有较大的难度。

（3）抄表的同时性。电量是积累量，某一时段的线损是在同一时段内的供电量和售电量之差，但在目前情况下，难以对数量巨大的用户计费电能计量表进行同时抄表，故而造成月度线损波动较大。

（4）漏抄和错抄。在当前情况下，部分供电关口和绝大部分用户的电能计量还依靠人工抄表，从而造成漏抄和错抄电量；同时，依靠少量稽核人员对成千上万个抄表记录进行稽核检查，很难堵住漏抄和错抄的全部漏洞。

（5）窃电。窃电是造成线损率高和波动的一个主要原因，也是线损管理工作的一个重点方向。

由上述分析可知，主网与配电网的网络结构以及配电网的技术装备水平是影响电网损耗的主要因素，但实施难度较高，需要长远规划、有序推进。在经济运行方面，负荷特性的优化、无功配置和运行的优化也是主要影响因素，有相对较强的可实施性，建议给予适当的政策支持，重点推进。

1.2　电网线损管理概述

线损率是考核供电企业重要的技术经济指标之一，它不仅表明供电系统技术水平的高低，还能反映企业管理水平的好坏，因此加强线损管理是供电企业的一项重要工作。

线损管理工作涉及部门较多，主要通过电网合理规划、建设和加强生产管理来优化电网结构、淘汰高耗能设备；通过提高各级电网经济运行水平来降低电网技术损耗；通过加强营销管理、电工管理和电能计量管理来降低电网的管理线损；通过完善监督、激励机制来保证各项管理流程的规范运行，并充分调动全员参与线损管理工作的积极性、主动性；通过强化人力资源培训，提高线损管理人员的素质，为搞好线损管理工作奠定良好基础。

1.2.1　线损管理分工及工作内容

1. 线损管理职责

单位级别不同，管理的资产不同，线损管理的职责也不一样。网、省（自治区、直辖市）级别的单位主要负责输电网的线损管理工作；地市局级别的单位主要负责高、中压配电网的线损管理工作;供电所主要负责低压台区的线损管理工作。线损专(兼)职员也有具体的职责范围。

1)网、省(自治区、直辖市)公司管理职责

网公司层面的单位主要负责跨省、区电力输送管理工作,省(自治区、直辖市)级别的单位主要负责本省区内的电力传输管理工作,因此在线损管理上侧重于输电网。同时,作为上级机构,也需要组织安排全公司的线损管理工作,对下级部门进行指导和考核,对全网线损情况进行总结分析,具体如下。

(1)贯彻落实国家的节能方针、政策、法规、标准和节能指示,监督、检查下属单位和相关部门的贯彻执行情况。

(2)负责制定或修正本公司范围内的线损管理实施细则。

(3)制定本地区的降损节电规划,组织落实重大降损措施。

(4)核定和考核下属单位的线损率指标。

(5)总结交流线损工作经验和分析降损效果及其存在的问题,提出改进措施。

(6)负责本单位关口计量点的设定,并提出关口计量装置管理的要求,确保电能准确计量。

(7)负责专业线损培训,组织下属单位开展线损理论计算。

(8)定期向上级有关部门报送线损指标信息和降损节电工作总结。

(9)明确线损归口管理部门,线损领导小组的日常线损工作由归口部门管理。

2)供电公司管理职责

供电公司一般指地市级供电单位,其在线损管理上的职责首先是按照上级的指示和要求,开展理论线损的计算和分析工作,落实线损指标,其次是给下级的供电单位安排具体的线损管理工作任务,具体如下。

(1)认真贯彻国家和上级部门的节能方针、政策、法规、标准和节能指示,监督、检查相关单位和相关部门的贯彻执行情况。

(2)负责编制并实施本电网降损节电规划和措施计划。

(3)落实并努力完成省、市公司下达的年(季)度线损率指标。

(4)坚持每季(月)召开线损分析例会,总结交流线损工作经验,分析降损效果及其存在的问题,提出改进措施。

(5)定期向上级有关部门报送线损指标信息和降损节电工作总结。

(6)负责本单位电网关口计量点的设定,搞好包括上级托管的关口计量装置管理,确保电能准确计量。

(7)参加专业线损培训,组织下属单位开展线损理论计算。

3)供电所管理职责

供电所的主要职责就是执行上级供电部门安排的线损工作任务,具体如下。

(1)贯彻执行国家和上级部门的节能方针、政策、法规、标准和节能指示。

(2)制订年(季)度降损节电措施计划,并组织实施,定期检查分析措施执行情况和措施效益。

（3）认真测算和分解线损指标，并按照线损分线、分台区管理的要求，将指标落到实处，责任到人，确保完成任务。

（4）坚持每月召开线损分析例会，公布线损指标完成情况及奖罚信息。

（5）定期收集、整理、统计、上报线损指标和工作总结。

（6）负责本地区和上级托管的电能计量装置的管理，确保电能准确计量。

（7）参加上级组织的线损培训、线损理论计算和其他线损活动。

4）线损专（兼）职人员职责

（1）负责处理本公司日常线损管理工作。

（2）会同（协同）有关部门编制和分解线损率指标。

（3）会同（协同）有关部门编制降低线损的措施计划，并监督实施。

（4）定期组织线损培训，开展线损理论计算。

（5）按期编写线损分析报告和工作总结报告，并报送公司分管领导和上级主管部门。

（6）会同有关部门检查线损工作和线损率指标完成情况。

（7）参加与降损节电有关的基建、技改等工程项目的设计审查和设备选用。

2. 线损管理日常工作

线损管理的日常工作包括线损指标的制定与考核、开展线损理论计算、开展线损分析以及加强用电营销、电能计量等环节的基础资料管理等。

1）线损率指标的制定与考核

线损率是一个综合指标，受电网电压与供、售电量多少的影响很大。应根据上述原因，结合理论线损的结算，参照上年或上年同期的线损率，结合电网设备实际情况，制定出科学合理的线损指标。年度线损率指标是大指标，为了保证大指标的完成，通常将其分解成若干个小指标，通过考核、督促小指标的完成来确保大指标的完成。由于各单位结构状况的不同和各个时期运行参数的差异，小指标的确定应因时、因地制宜。

2）开展线损理论计算

随着计算机在线损理论计算中的应用，由于电网线路的结构参数和运行参数每年都有可能发生变化，线损理论计算应每年开展一次。通过线损理论计算，以便掌握较为准确的理论线损电量值和线损的构成，并以此为依据，衡量实际线损的高低，明确降损重点方向，有针对性地采取有效措施，将线损降低到比较合理的范围内，这对提高供电企业的生产技术和经营管理水平有着重要意义。

3）开展线损分析

所谓线损分析，就是在线损管理中对线损完成情况与所采取的线损指标之间，实际线损与理论线损之间，线路和设备之间，月、季度和年度之间进行对比分析，以及查找线损升降原因，确定今后降损主攻方向等工作。

4)加强用电营销、电能计量、电工等环节的基础资料管理

基础资料管理主要是为了维护计量设备、输配电设备在计量自动化系统、营销系统及图档系统上信息的准确性,并以各种文档形式保存信息,具体如下。

(1)计量自动化系统信息管理。

(2)营销系统信息维护管理。

(3)图档管理系统信息管理。

(4)TA(电流互感器)倍率变更信息管理。

(5)文档资料管理。

(6)抄表管理。

(7)线损四分分析及异常控制管理。

1.2.2　线损四分管理

线损四分管理是指对所管辖电网线损采取包括分压、分区、分线和分台区四个模式在内的综合管理方式。

1.线损四分管理内容

线损四分管理是根据电网企业实际特点指定的高效线损管理方法。其中,分压管理指对所管辖电网按不同电压等级进行线损统计、分析及考核的管理方式;分区管理是指对所管辖电网按供电区域划分为若干个行政管理单位(部门)进行线损统计、分析及考核的管理方式;分线管理是指对所管辖电网中各电压等级主设备(线路、变压器)的单个元件电能损耗进行统计、分析及考核的管理方式;分台区管理是指对所管辖电网中各个公用配电变压器的供电区域电能损耗进行统计、分析及考核的管理方式。

通过线损四分管理,将实际线损值和理论值与去年同期值比较,找出线损升高或降低的原因,明确降损主攻方向。

线损四分管理的关键在于闭环管理与管理过程的可控、在控。线损管理与其他专业管理一样,分目标决定总目标,过程决定结果。线损闭环管理的要求:线损指标制定后,重要的是要进行分压、分区、分线、分台区管理与控制,只有把涉及线损管理的各个环节都管理到位,并使实现线损指标管理的全过程都处于可控和在控的局面,使每一级的损耗、每一条线路的损耗、每一个台区的损耗都降低到最小,才能保证线损总目标的实现。

线损四分管理的优点如下。

(1)为线损监督管理提供了具体工作平台。

(2)有利于增强管理的责任性。通过分压、分区、分线、分台区管理与考核,明确了各级管理职责。

(3)有利于堵住用电管理漏洞。通过分压、分区、分线、分台区管理,及时查找到线损高的线路和台区,及时发现营销、计量等问题,及时采取有针对性的措施,避免类似情况发生。

(4)有利于电网建设与改造。通过分压、分区、分线、分台区管理,及时分析和摸清电网结构和现状,为有针对性地开展电网建设与改造提供方向和依据。

（5）加快了新技术和新设备的应用。通过分压、分区、分线、分台区管理,能及时发现影响各级线损和每条线路、每个台区的主要因素,促使企业决策层下决心采用新技术和新设备降损。

2. 线损四分统计计算方法

1）分压线损率统计

各级电压分压线损率是指本电压等级的线损电量占本电压等级供电量的百分比,其计算公式为

$$分压线损率 = \frac{本电压等级总供电量 - 本电压等级总售电量}{本电压等级总供电量} \times 100\% \qquad （1-8）$$

其中,本电压等级总供电量为输入该电压等级网络的全部电量;本电压等级总售电量为本电压等级网络向下一级电压等级网络的全部输出电量、本电压等级直供用户的用电量以及流向其他地区的输出电量的总和。

Ⅰ. 500 kV 分压线损率

$$500\ kV\ 分压线损率 = \frac{500\ kV\ 上网电量 - 500\ kV\ 下网电量}{500\ kV\ 上网电量} \times 100\% \qquad （1-9）$$

其中, 500 kV 上网电量 = 电厂 500 kV 出线正向电量 +500 kV 省际联络线输入电量 + 下级电网向上倒送电量(主变压器中、低压侧输入电量合计); 500 kV 下网电量 =500 kV 省际联络线输出电量 + 送入下级电网电量(主变压器中、低压侧输出电量合计)。

Ⅱ. 220 kV 分压线损率

$$220\ kV\ 分压线损率 = \frac{220\ kV\ 上网电量 - 220\ kV\ 下网电量}{220\ kV\ 上网电量} \times 100\% \qquad （1-10）$$

其中,220 kV 上网电量 = 电厂 220 kV 出线输入电量 +220 kV 省际联络线输入电量 +500 kV 主变压器 220 kV 侧输入电量 + 下级电网向上倒送电量(220 kV 主变压器中、低压侧输入电量合计); 220 kV 下网电量 = 电厂 220 kV 出线输出电量 +220 kV 省际联络线输出电量 +500 kV 主变压器 220 kV 侧总表输出电量 + 送入下级电网电量(220 kV 主变压器中、低压侧输出电量合计)+220 kV 专线用户售电量(含对境外送电)。

Ⅲ. 110 kV 分压线损率

$$110\ kV\ 分压线损率 = \frac{110\ kV\ 上网电量 - 110\ kV\ 下网电量}{110\ kV\ 上网电量} \times 100\% \qquad （1-11）$$

其中, 110 kV 上网电量 = 电厂 110 kV 出线输入电量 +220 kV 主变压器 110 kV 侧输入电量 + 外部电网 110 kV 输入电量 + 下级电网向上倒送电量(110 kV 主变压器中、低压侧输入电量合计); 110 kV 下网电量 = 电厂 110 kV 出线输出电量 + 通过 110 kV 送外部电网电量 + 送入下级电网电量(中、低压侧总表)+110 kV 专线用户售电量(含对境外送电)。

其他电压等级计算公式以此类推。

2）分区线损率统计

$$分区线损率 = \frac{本区线损电量}{本区供电量} \times 100\%$$

$$= \frac{本区供电量 - 本区售电量}{本区供电量} \times 100\%$$

$$= 1 - \frac{本区售电量}{本区供电量} \times 100\% \qquad （1-12）$$

其中,本区供电量 = 一次电网输入本区电量 + 邻网输入本区电量 - 本区向邻网输出电量 + 本区购入电量;本区售电量为本区电网用户总的用电量。

所辖电网线损率

$$= \frac{二级行政管理单位（部门）管辖电网统计线损电量}{二级行政管理单位（部门）管辖电网总购电量} \times 100\% \qquad （1-13）$$

其中,二级行政管理单位(部门)管辖电网总购电量 = 二级行政管理单位(部门)省关口电量 + 二级行政管理单位(部门)购地方电电量;二级行政管理单位(部门)管辖电网统计线损电量 = 二级行政管理单位(部门)所管辖电网的总购电量 - 二级行政管理单位(部门)售电量。

3）分线线损率统计

各关口计量点因现场潮流方向不同分为正、反两个负荷方向,所以各个关口点的电量统一定义如下:"A 开关正向"表示 A 变电站母线流出到线路的负荷电量;"A 开关反向"表示对应于"A 开关正向"反方向的负荷电量。

在 110 kV 线路线损分析类型中,因部分站没有主变压器变高侧计量点,故定义:"B 变低正向、B 变低反向"表示由主变压器变低侧计量点负荷电量折算到主变压器变高侧的负荷电量。计算的线损电量均为正数,如以下计算结果为负数,则取其绝对值。

Ⅰ.线路线损统计计算方法

Ⅰ）没有 T 接线路时

没有 T 接线路示意如图 1-2 所示。

图 1-2　没有 T 接线路示意

$$线损电量 = A_1 开关正向 + A_2 开关正向 + B_1 开关正向 + B_2 开关正向 -$$
$$A_1 开关反向 - A_2 开关反向 - B_1 开关反向 - B_2 开关反向 \qquad （1-14）$$

$$线损率 = \frac{线损电量}{A_1 开关正向 + A_2 开关正向 + B_1 开关正向 + B_2 开关正向} \times 100\% \qquad （1-15）$$

Ⅱ）有 T 接线路时

（1）线路上有一条 T 接线路（即线路有三侧）,且只有一侧 110 kV 开关装有计量表,如图 1-3 所示。

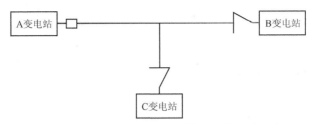

图 1-3　只有一侧 110 kV 开关的单 T 接线路示意

$$线损电量 = A 开关正向 + B 变低正向 + C 变低正向 -$$
$$A 开关反向 - B 变低反向 - C 变低反向 \tag{1-16}$$

$$线损率 = \frac{线损电量}{A开关正向 + B开关正向 + C开关正向} \times 100\% \tag{1-17}$$

（2）线路上有一条 T 接线路（即线路有三侧），且只有两侧 110 kV 开关装有计量表，如图 1-4 所示。

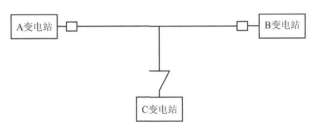

图 1-4　只有两侧 110 kV 开关的单 T 接线路示意

$$线损电量 = A 开关正向 + B 开关正向 + C 变低正向 -$$
$$A 开关反向 - B 开关反向 - C 变低反向 \tag{1-18}$$

$$线损率 = \frac{线损电量}{A开关正向 + B开关正向 + C变低正向} \times 100\% \tag{1-19}$$

（3）线路上有一条 T 接线路（即线路有三侧），且三侧 110 kV 开关装有计量表，如图 1-5 所示。

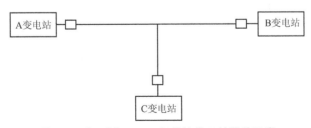

图 1-5　有三侧 110 kV 开关的单 T 接线路示意

$$线损电量 = A 开关正向 + B 开关正向 + C 开关正向 -$$
$$A 开关反向 - B 开关反向 - C 开关反向 \tag{1-20}$$

$$线损率 = \frac{线损电量}{A开关正向 + B开关正向 + C开关正向} \times 100\% \tag{1-21}$$

（4）线路上有两条 T 接线路（即线路有四侧），且只有三侧 110 kV 开关装有计量表，如图 1-6 所示。

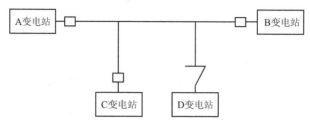

图 1-6　有三侧 110 kV 开关的双 T 接线路示意

$$
\begin{aligned}
线损电量 =\ & A\,开关正向 + B\,开关正向 + C\,开关正向 + D\,变低正向 - \\
& A\,开关反向 - B\,开关反向 - C\,开关反向 - D\,变低反向
\end{aligned} \tag{1-22}
$$

$$
线损率 = \frac{线损电量}{A开关正向 + B开关正向 + C开关正向 + D变低正向} \times 100\% \tag{1-23}
$$

（5）线路上有两条 T 接线路（即线路有四侧），且只有两侧 110 kV 开关装有计量表，如图 1-7 所示。

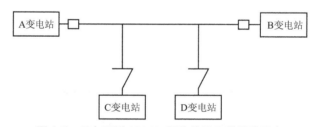

图 1-7　只有两侧 110 kV 开关的双 T 接线路示意

$$
\begin{aligned}
线损电量 =\ & A\,开关正向 + B\,开关正向 + C\,变低正向 + D\,变低正向 - \\
& A\,开关反向 - B\,开关反向 - C\,变低反向 - D\,变低反向
\end{aligned} \tag{1-24}
$$

$$
线损率 = \frac{线损电量}{A开关正向 + B开关正向 + C变低正向 + D变低正向} \times 100\% \tag{1-25}
$$

（6）线路上有三条 T 接线路（即线路有五侧），且只有两侧 110 kV 开关装有计量表，如图 1-8 所示。

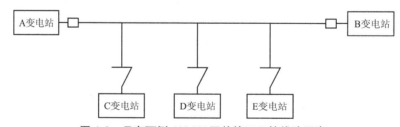

图 1-8　只有两侧 110 kV 开关的三 T 接线路示意

$$
\begin{aligned}
线损电量 =\ & A\,开关正向 + B\,开关正向 + C\,变低正向 + D\,变低正向 + E\,变低正向 - \\
& A\,开关反向 - B\,开关反向 - C\,变低反向 - D\,变低反向 - E\,变低反向
\end{aligned} \tag{1-26}
$$

$$线损率 = \frac{线损电量}{A开关正向+B开关正向+C变低正向+D变低正向+E变低正向} \times 100\%$$

（1-27）

Ⅱ. 变压器线损统计计算方法

（1）变低总表模式如图1-9所示。

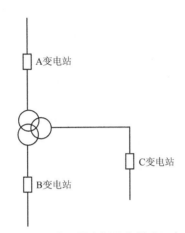

图1-9　变压器变低总表模式示意

$$线损电量 = A\ 开关正向 + B\ 开关正向 + C\ 开关正向 -$$
$$A\ 开关反向 - B\ 开关反向 - C\ 开关反向$$

（1-28）

$$线损率 = \frac{线损电量}{A开关正向+B开关正向+C开关正向} \times 100\%$$

（1-29）

（2）变低分表模式如图1-10所示。

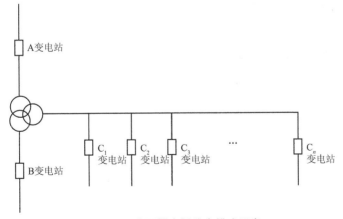

图1-10　变压器变低分表模式示意

$$线损电量 = A\ 开关正向 + B\ 开关正向 + C_1\ 开关正向 + C_2\ 开关正向 +$$
$$C_3\ 开关正向 + \cdots + C_n\ 开关正向 - A\ 开关反向 - B\ 开关反向 -$$
$$C_1\ 开关反向 - C_2\ 开关反向 - C_3\ 开关反向 - \cdots - C_n\ 开关反向$$

（1-30）

线损率 =

$$\frac{线损电量}{A开关正向+B开关正向+C_1开关正向+C_2开关正向+C_3开关正向+\cdots+C_n开关正向} \times 100\%$$

（1-31）

Ⅲ. 母线线损统计计算方法

在母线线损分析中,各关口计量点因现场潮流方向不同,可分为正、反两个负荷方向,假设母线接有 N 回出线和 N 台主变压器,母线损耗电量统计计算如下:

线损电量 = 线路边开关 1 正向 + ⋯ + 线路边开关 N 正向 +

1 号主变压器边开关正向 + 2 号主变压器边开关正向 +

3 号主变压器开关正向 + ⋯ + N 号主变压器开关正向 −

线路边开关 1 反向 − ⋯ − 线路边开关 N 反向 −

1 号主变压器边开关反向 − 2 号主变压器边开关反向 −

3 号主变压器开关反向 − ⋯ − N 号主变压器开关反向　　　（1-32）

线损率 =

$$\frac{线损电量}{\substack{线路边开关1正向+\cdots+线路边开关N正向+1号主变压器边开关正向+\\2号主变压器边开关正向+3号主变压器开关正向+\cdots+N号主变压器开关正向}} \times 100\%$$

（1-33）

Ⅳ. 10 kV 线损统计计算方法

10 kV 线路的主干线和各条放射支线一般情况下合并为一条线路计算,对线损率异常、线损电量大、需要重点监控的分支线,视实际需要可在分支点安装计量装置,对分支线线损率分别进行统计分析。

（1）单放射线路如图 1-11 所示。

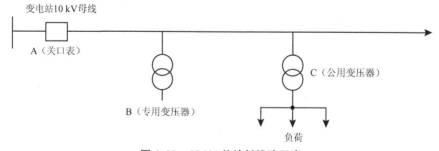

图 1-11　10 kV 单放射线路示意

$$线路总线损率 = \frac{A开关正向-\sum 终端用户侧电量}{A开关正向} \times 100\%$$

（1-34）

$$线路 10 kV 线损率 = \frac{A开关正向-\sum 配电变压器总表电量}{A开关正向} \times 100\%$$

（1-35）

（2）单放射线路(含小水电)如图 1-12 所示。

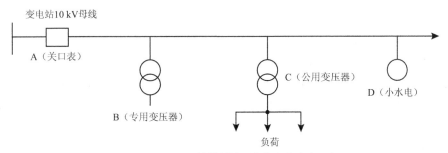

图 1-12　10 kV 单放射线路（含小水电）示意

线路总线损率 =

$$\frac{A开关正向-A开关反向+D开关正向-D开关反向-\sum 终端用户侧电量}{A开关正向-A开关反向+D开关正向-D开关反向} \times 100\%$$

（1-36）

线路 10 kV 线损率 =

$$\frac{A开关正向-A开关反向+D开关正向-D开关反向-\sum 配电变压器总表电量}{A开关正向-A开关反向+D开关正向-D开关反向} \times 100\%$$

（1-37）

（3）环网线路如图 1-13 所示。

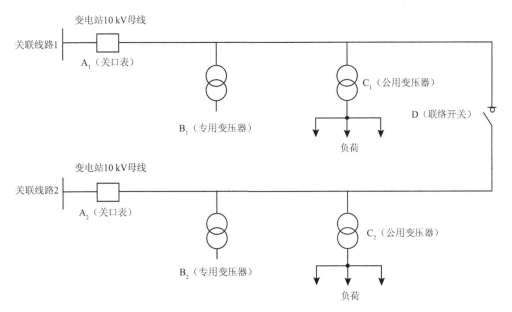

图 1-13　10 kV 环网线路示意

①大面积线路负荷转接、环网方式变更频繁及长时间永久性变更情况。

关联线路 1 和关联线路 2 的总线损率

$$= \frac{A_1开关正向+A_2开关正向-\sum 终端用户侧电量}{A_1开关正向+A_2开关正向} \times 100\%$$

（1-38）

关联线路 1 和关联线路 2 的 10 kV 线损率

$$= \frac{A_1 开关正向 + A_2 开关正向 - \sum 配电变压器总表电量}{A_1 开关正向 + A_2 开关正向} \times 100\% \tag{1-39}$$

注：对环网联络开关处未装设双向计量表计的，可按本方式将关联线路 1 和关联线路 2 的线损率合并计算，对环网联络开关处已装设双向计量表计的，可按正常方式分开计算，以下同。

②环网方式变更造成用户短时转移至其他线路供电的情况（如关联线路 2 负荷转关联线路 1 供电）。

转电台区终端用户侧调整电量

$$= \frac{转电结束时间 - 转电开始时间}{当月总运行时间} \times \sum 转电台区终端用户侧电量 \tag{1-40}$$

转电台区总表调整电量

$$= \frac{转电结束时间 - 转电开始时间}{当月总运行时间} \times \sum 转电台区总表电量 \tag{1-41}$$

关联线路 1 终端用户侧调整后电量

= 关联线路 1 终端用户侧调整前电量 + 转电台区终端用户侧调整电量 （1-42）

关联线路 2 终端用户侧调整后电量

= 关联线路 2 终端用户侧调整前电量 - 转电台区终端用户侧调整电量 （1-43）

关联线路 1 总线损率

$$= \frac{A_1 开关正向 - 关联线路1终端用户侧调整后电量}{A_1 开关正向} \times 100\% \tag{1-44}$$

关联线路 2 总线损率

$$= \frac{A_2 开关正向 - 关联线路2终端用户侧调整后电量}{A_2 开关正向} \times 100\% \tag{1-45}$$

关联线路 1（ 10 kV ）线损率

$$= \frac{A_1 开关正向 - 关联线路1台区总表电量 - 转电台区总表调整电量}{A_1 开关正向} \times 100\% \tag{1-46}$$

关联线路 2（ 10 kV ）线损率

$$= \frac{A_2 开关正向 - 关联线路2台区总表电量 - 转电台区总表调整电量}{A_2 开关正向} \times 100\% \tag{1-47}$$

4)分台区线损率统计

（1）台区单台变压器如图 1-14 所示。

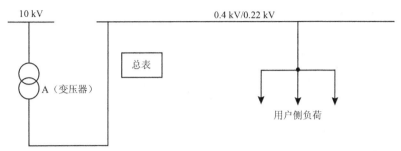

图 1-14　台区单台变压器示意

$$低压台区线损率 = \frac{A开关正向 - \sum 用户侧电量}{A开关正向} \times 100\% \quad (1\text{-}48)$$

（2）台区两台变压器低压侧环网如图 1-15 所示。

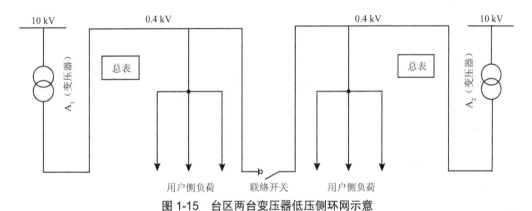

图 1-15　台区两台变压器低压侧环网示意

A_1 台区和 A_2 台区的总线损率

$$= \frac{A_1开关正向 + A_2开关正向 - \sum A_1用户侧电量 - \sum A_2用户侧电量}{A_1开关正向 + A_2开关正向} \times 100\% \quad (1\text{-}49)$$

两台及以上变压器低压侧并联,或低压联络开关并联运行的,可将所有并联运行变压器视为一个台区单元统计线损率。

（3）对于有统一高压计量的多台配电变压器及其台区,在满足供、售电量同一天抄表的条件下,可以视为一个台区单元统计线损率。

5）直流系统线损统计计算方法

直流系统损耗电量

＝整流站极Ⅰ、极Ⅱ换流站输入电量 － 逆变站极Ⅰ、极Ⅱ换流站输出电量 （1-50）

$$直流系统线损率 = \frac{损耗电量}{整流站极Ⅰ、极Ⅱ换流站输入电量} \times 100\% \quad (1\text{-}51)$$

1.2.3　线损指标管理

线损指标管理是指一定时期内线损管理活动与其达到的成果或效果的统称,也称为线损目标管理。线损目标按时间有远期目标（≥10年）、中期目标（3～5年）、短期目标（1年）、季度或月度目标之分，也有总目标与分目标之分。线损管理计划指标（目标）也是如此。线损指标既是线损管理计划的主要内容，也是制订线损管理计划的基本依据。线损指标既是指导企业降损节能的方向，也是线损管理工作的努力方向，通过对分压、分区、分线、分台区线损指标的管理以及线损小指标完成情况的考核，达到和实现对线损管理网络乃至全体员工降损节能的激励作用。

1. 线损管理指标体系的构成及评价标准

线损率指标与线损管理小指标共同构成了线损管理指标体系。线损率指标是最终的目标结果，线损管理小指标是对相关部门线损管理工作质量的管理与考核，体现了全过程管理与控制。

1）线损管理的实绩指标

线损管理的实绩指标一般包括：全网线损率（综合线损率）、分压线损率、35 kV及以上电网综合线损率、35 kV及以上单条线路线损率、35 kV及以上单台主变压器线损率、10 kV及以上高压综合线损率（高压线损率）、10 kV单条线路线损率、0.4 kV低压综合线损率（低压线损率）、0.4 kV城区低压综合线损率、0.4 kV农村低压综合线损率和0.4 kV单台区线损率等。

以上指标直接反映了线损管理的成果，故称为线损管理的实绩指标。

2）线损管理小指标

要取得降低线损率的效果，除了关注线损本身，还需要关注电网运营的全过程管控。线损管理小指标是指与线损相关的其他环节的指标，包括母线电量不平衡率、母线电量不平衡率的合格率、变电站站用电率、变电站站用电指标完成率、线损四分考核计量点覆盖率、台区有功／无功计量装置覆盖率、计量遥测系统覆盖率、负荷管理系统覆盖率、公用配电变压器监测系统终端覆盖率、低压集中抄表系统覆盖率和线损指标异常率等。

以上指标都可以列入线损管理小指标，也就是线损管理工作质量指标，它们反映了对线损管理全过程的在控程度和水平。

3）线损管理指标体系的评价标准

线损管理指标体系的评价标准一般有以下几种。

（1）以企业自定或上级下达的计划指标为评价标准。

（2）以同业对标选定的线损指标标准为评价标准。

（3）以理论线损值为评价标准。

（4）以国家和行业的有关规程、规定要求的指标或"达标""升级""创一流"所规定的标准为评价标准。

（5）其他标准。

2. 线损指标的制定

明确指标体系之后，就要制定具体的、符合实际的指标计划值。指标计划值的制定主要涉及高压线损率及低压线损率的制定,线损率指标计划值的制定需考虑降损措施、负荷增减和用电结构变化、电力系统的运行方式、潮流分布、新建工程投产和更换系统主元件、电力网结构的变化等因素的影响,以及根据前三年线损指标完成情况、理论计算结果,制定具有先进性、激励性、公正性、合理性及相对稳定性的计划值,不仅方便考核,还能有效激励和提高线损管理工作的积极性。

1）线损率指标计划值的制定原则

（1）整理基础数据具有科学性。要使线损理论计算软件更好地发挥作用,就必须做好基础数据的汇总和整理工作,基础数据的准确性是线损理论计算成功的关键。

（2）基础数据应保持有效性。必须加强这方面的管理和协调,随时保持数据的更新,确保数据的有效性。只有保持基础数据的有效性,才能保证线损理论计算结果的科学与正确,为今后的线损分析及指标制定提供科学的依据。

（3）指标计划值制定要保证相对稳定性。线损率计划值制定后,在一段时间内应保持其稳定性（一般为一年）,保持指标计划值的稳定性,不仅有利于考核,还有利于提高技术降损的积极性。在下一个考核期,可以通过重新进行线损理论计算,或在原线损理论计算的基础上,通过考虑一些修正因素、近期及历史线损统计值,来调整线损理论值高低,从而形成新的线损理论值约束条件下的线损考核方式,实现线损指标的动态考核。

（4）指标制定具有可操作性。为保证线损指标的可操作性,让线损率指标计划值在各部门恰到好处地发挥作用,可以首先采用线损理论值与历史完成情况适当结合的方法,经过一两年的过渡,再采取完全由线损理论值上浮一定的管理线损数值的办法加以确定。

（5）指标制定保持持续性。线损指标的制定要纳入常态化管理中,每年要有目的地针对一些管理较好的和较差的部门进行调研,对数据重新复测,以便为下次制定指标提供依据。

（6）指标管理的激励性。在制定低压线损指标的同时,应制定与之相应的考核办法、奖惩措施,以考核办法、奖惩措施促进制定者实事求是地调查、摸底,测算出实际线损,不断加以分析,切实提高线损管理水平。

2）线损率指标的核定

线损率指标的核定过程是指供电企业以近期线损理论计算值、历史线损统计值及影响线损率的技术和管理方面的修正因素为基础,在综合应用管理学中的"期望理论""公平理论"和"强化理论"后,建立起"考核和激励"双指标模式的过程。

双指标模式是指在下达线损指标时,分别下达两个层次的线损指标,第一个层次的指标称为考核指标,第二个层次的指标称为激励指标,同时根据公平原则,保证同类线路或台区下达的指标相同、相近。

考核指标属于相对易于完成的指标,一般以线损的平均管理水平为依据,被考核单位完成该指标后不奖励或少奖励,完不成则重罚,实现对考核单位的负强化激励;激励指标是根据各单位实际,一般以不同程度高于线损的平均管理水平为依据,被考核单位能完成则重奖,完不成则少奖,实现对考核单位的正强化激励。

因电网及其潮流不断变化,其理论线损值也在不停地发生变化,这决定了任何一种有效的线损指标核定方式都应是动态的。线损双指标模式的指标核定方式也是建立在理论线损变化下的一种动态指标核定模式。

在线损双指标管理模式中,激励指标是降低线损的动力,而考核指标则是降损的保障。最终固定的激励空间,为员工稳定地从降损中获利提供了动力;而不断缩小的激励指标和考核指标之间的差距,保证了企业与员工降损效益的依法合理分配,并提高了完不成线损考核指标而面临巨额罚款的风险,为企业稳定获得降损收益提供保障。

只要线损率理论值相同并保持不变,不论最初的激励指标和考核指标是多少,线损完成率都将最后收敛于理论值,激励值都将收敛于与理论值相差一个最终激励空间,而考核指标最终和激励指标只相差一个线损波动造成的最大误差,也即双指标最终又逐步向单指标回归,但这并不表明指标激励体系走向僵化,这恰恰是线损指标动态管理的最高阶段。

1.2.4　线损统计分析

电力网线损统计分析工作是线损管理运行信息的收集与处理,是对线损管理的在线监测以及实行过程控制的手段,是线损管理的重要环节,为采取科学有效的降损措施提供了重要的理论和实践依据。正确、及时、科学地进行线损统计分析,可以找到线损管理中存在的不足,揭示线损管理中被表象所掩盖的症结,为下一阶段节能降损工作指明重点和方向,使节能降损措施更具有针对性。另外,通过客观的统计分析,可以促进各部门线损管理责任的落实,准确地统计分析成果也是全面落实线损指标考核的依据和基础。

各级专(兼)职线损员是本线损管理责任范围的统计责任人,对所经手填报报表的正确性、真实性负责。

1. 统计报表质量要求

(1)统计报表格式应统一。需上报的报表必须使用上级统一制订的报表,各供电企业根据需要可以细化补充,基层不得使用自制报表上报。

(2)数据准确、真实,手工填写的应字迹清晰、无涂改。

(3)使用法定计量单位。

(4)报表要求的栏目填写齐全,有线损员和部门负责人签字。

(5)统计口径一致,报表中使用的计算公式一致。

(6)按照规定的时间统计上报,不延误。

(7)线损归口管理部门应就线损统计分析报表的填报组织专题培训,线损统计分析报表管理应纳入线损管理考核内容。

2. 线损统计报表数据严谨性要求

线损统计报表数据是进行科学的线损分析、管理与考核的基础,必须具有严谨性,必须是真实的,必须能够反映线损的实际情况。

3. 线损统计模式要求

为了保证线损统计数据的严谨性,线损统计一般采用"抄、管分离"的统计模式。

1.3　电网技术降损管理概述

降低线损有两类措施:一类是通过管理手段和管理措施来降低线损,称为管理降损;另一类是根据电网实际情况,从规划、运行、设备、无功补偿等角度采取适宜的技术措施来降低线损,称为技术降损。技术降损需要配合相应的技术降损管理制度和管理手段来实施,技术降损的节能效益也需要遵照一定的原则开展评价工作。

1.3.1　技术降损管理的基本原则

技术降损工作应坚持长远目标与近期需求相结合,遵循"统一标准、统一规划、突出重点、循序渐进"的原则,积极研究、开发、推广先进适用的节能降损新技术、新工艺、新材料与新设备,提高电网经济运行水平。

技术降损工作应涵盖电网规划,涉及建设运行和技术改造全过程。降低电能损耗从电网网架及无功优化、设备节能选型和电网经济运行等方面开展。

技术降损工作应符合电网实际情况,与地区社会经济发展水平及电力生产经营状况对应,应该基于电网技术损耗分析评价结论,提出适宜的技术降损措施和项目需求,分别纳入基建、大修、技改、科技、合同能源管理等计划中安排实施,并加强项目技术降损节点、投资回收期等主要经济评价指标的审查。

1.3.2　职责分工

1. 网公司总部职责

网公司设备管理部门:负责组织开展技术降损工作,制定公司技术降损相关制度、标准等规范性文件;负责组织开展技术降损分析评价,组织技术降损措施制定和项目立项、实施工作;负责研究推广技术降损新技术、新工艺、新材料与新设备。

网公司发展部:负责制定中长期降损规划和年度降损计划,不断优化网架结构。

网公司营销部:负责开展电力需求侧管理,引导电力用户削峰填谷、改善负荷特性,结合台区线损管理提出技术降损建议。

网公司基建部:负责组织在电网工程项目中推广应用节能型设备。

网公司调度部:负责电网的经济运行。

电科院、经研院及综合能源服务集团:为技术降损工作提供技术支撑。

2. 省公司相关部门职责

省公司设备部门:负责组织开展本单位的技术降损工作;负责组织辖区内地市级公司开展技术降损分析评价,制定技术降损措施,提出项目需求,跟踪、监督实施情况,分析技术降损成效。

省公司发展部:负责制定省公司中长期技术降损规划;在编制电力系统发展规划和确定新(扩)建、改造工程计划时,充分考虑降损的工程项目;配合开展技术降损分析评价,提供相关数据,根据技术降损分析评价结果,进一步优化网架结构,降低电能损耗。

省公司营销部:负责开展电力需求侧管理,引导电力用户削峰填谷、改善负荷特性,结合台区线损管理,提出技术降损建议;配合开展技术降损分析评价,提供相关数据。

省公司建设部:负责在电网工程项目中推广应用节能型设备。

省公司调度部:负责制定、实施年度电网经济运行方式;配合开展技术降损分析评价,提供相关运行数据,根据技术降损分析评价结果,进一步优化运行方式,降低电能损耗。

省公司电科院等部门:负责为技术降损工作提供技术支撑。

3. 地市公司职责

地市公司主要负责执行省公司下达的技术降损任务,具体工作内容与省公司类似,且更为具体。

1.3.3　电网网架及无功优化管理

电网规划应坚持建设资源节约型和环境友好型电网的原则,考虑降低投资成本和提高经济运行能力等综合目标,不断简化电压等级序列、优化电网结构、合理配置无功补偿,确保电网安全、稳定、经济运行。

对于电网电压等级的选择应符合《标准电压》(GB/T 156—2017)的规定,根据供电区域的不同,参照《配电网规划设计技术导则》(DL/T 5729—2016),一般可按照表1-2选取电压序列,避免重复降压。

表1-2　电压序列选择建议

序号	供电区域	电压序列(kV)
1	A+、A、B	(1)220(330)/110/10/0.4 (2)220/66/10/0.4 (3)220/35/10/0.4
2	C、D	(1)220/66/10/0.4 (2)220(330)/110/35/10/0.4
3	E	(1)220/66/10/0.4 (2)220(330)/110/35/10/0.4 (3)220(330)/110/35/0.4

各电压等级电网的容载比应与规划区域的经济增长和社会发展阶段相适应。按电网负荷增长速度可分为较慢、中等、较快三种情况,相应各电压等级电网的容载比见表1-3。

表 1-3　电网容载比选择

电压等级（kV）	较慢（小于 7%）	中等（7%~12%）	较快（大于 12%）
500 及以上	1.5~1.8	1.6~1.9	1.7~2.0
220~330	1.6~1.9	1.7~2.0	1.8~2.1
35~110	1.8~2.0	1.9~2.1	2.0~2.2

各电压等级应坚持相互匹配、强简有序、相互支援，按照可靠性、灵活性、经济性的不同要求，合理选择电网结构，以实现技术经济的整体最优。

35~110 kV 电网应尽量避免大负荷远距离消纳，线路长度不宜超过表 1-4 中的限值。

表 1-4　35~110 kV 电网线路长度限值　　　　　　　　　　单位：km

供电区域	电压等级		
	35 kV	66 kV	110 kV
A+、A、B	20	40	60
C、D	40	80	120

10（20）kV 及以下配电线路供电半径应通过负荷矩校核，满足末端电压质量的要求。原则上，A+、A、B、C、D 类供电区域线路供电半径不宜超过表 1-5 中的规定，E 类供电区域应根据负荷密度、线路导线截面面积和线路压降等条件经计算确定。

表 1-5　0.4~10（20）kV 配电线路供电半径限值　　　　　　单位：km

供电区域	A+	A	B	C	D
10（20）kV	3	3	3	5	15
0.4 kV	0.15	0.15	0.25	0.4	0.5

无功补偿配置应按照分层分区平衡、电网补偿与用户补偿相结合、分散就地补偿与变电站（开关站）集中补偿相结合的原则，进行大、小运行方式下无功平衡计算，同时结合供电区域所带负荷性质，确定无功补偿装置的类型、容量及安装地点。

变电站应结合电网规划和电源建设，通过无功优化计算，配置适当规模、类型的无功补偿装置，避免大量无功补偿装置在各电压等级之间穿越。

330~750 kV 变电站容性无功补偿装置，宜按照主变压器容量的 10%~20% 配置，220 kV 变电站容性无功补偿装置容量配置宜按照表 1-6 选取，35~110 kV 变电站容性无功补偿装置容量配置宜按表 1-7 选取，或参照《电力系统无功补偿配置技术导则》（Q/GDW 1212—2015）经计算后确定。

表 1-6　220 kV 变电站容性无功补偿装置容量配置

容性无功补偿度	适用条件
10%~25%	220 kV 枢纽站
	中压侧或低压侧出线带有电力用户负荷的 220 kV 变电站
	变比为 220 kV/66(35)kV 的双绕组变压器
	220 kV 高阻抗变压器
10%~15%	低压侧出线不带电力用户负荷的 220 kV 终端站
	统调发电厂并网点的 220 kV 变电站
	220 kV 电压等级进出线以电缆为主的 220 kV 变电站

注:两种情况均满足的条件下,取大者。

表 1-7　35~110 kV 变电站容性无功补偿装置容量配置

容性无功补偿度	适用条件
20%~30%	变电站内配置了滤波电容器时
15%~20%	变电站为电源接入点时
15%~30%	其他情况下

对于进、出线以电缆为主,容性充电功率较大的 110~220 kV 变电站,宜根据电缆长度配置适当容量感性无功补偿装置,补偿容量应经过分析计算后确定。

220~750 kV 变电站安装两台及以上主变压器时,每台主变压器配置的容性无功补偿度宜基本一致。35~110 kV 变电站主变压器的同一电压等级侧配置两组容性无功补偿装置时,每组容量宜相等,不等量分组方式应经过分析计算后确定;当主变压器中、低压侧均配有容性无功补偿装置时,各侧每组容量宜分别相等。

35~750 kV 及变电站无功补偿装置单组容量可参照《电力系统无功补偿配置技术导则》(Q/GDW 1212—2015)提供的经验值确定,或根据补偿点短路容量,经过计算后确定。投切一组补偿装置引起所在母线的电压变动值不应超过其额定电压的 2.5%。

各级输配电线路应避免远距离输送无功补偿。330~750 kV 短线路所产生的充电功率较大时,根据无功就地平衡原则和电网结构特点,经计算分析,可在适当地点装设母线高压并联电抗器进行无功补偿。

10(20)kV 配电变压器(含配电室、箱式变电站、柱上变压器)及 35/0.4 kV 配电室无功补偿,以低压侧集中补偿为主,补偿容量可按配电变压器容量的 10%~30% 考虑;无功补偿装置应以电压为约束条件,根据无功需量进行分组自动投切,单组容量可参照《电力系统无功补偿配置技术导则》(Q/GDW 1212—2015)计算确定。对以居民单相负荷为主的供电区域宜采取三相共补与分相补偿相结合的方式。合理选择变压器挡位,避免因电压过高造成电容器无法投入运行。

直流配电系统负荷矩应根据电压等级、导线标称截面、最高长期允许运行温度等条件经计算确定。

1.3.4　设备节能选型管理

各类电力设备设计选型时,应结合电能损耗情况,经技术经济比较合理选择,同等条件下应优先选择低损耗节能产品。

35 kV 及以上线路导线截面面积应按经济电流密度选择(表 1-8),可根据规划区域内饱和负荷值一次选定,并按长期允许发热和机械强度条件进行校验。电缆线路截面面积应根据输送容量、经济电流密度选择,并按长期发热、电压损失和热稳定进行校验。

表 1-8　导线的经济电流密度　　　　单位:A/mm²

导线材料	年最大负荷利用小时数 T_{max}		
	3 000 h 以下	3 000~5 000 h	5 000 h 以上
钢芯铝绞线	1.65	1.15	0.90
铜线	3.00	2.25	1.75
铝芯电缆	1.92	1.73	1.54
铜芯电缆	2.50	2.25	2.00

10(20)kV 线路截面面积(包括主干、分支)选择时,在满足一定的容量裕度及负荷转带的前提下,在建设或改造时应考虑线路的长期经济载流量,其中主干线截面面积应有较大的适应性,按远期规划一次选定(尤其是地下电缆),导线截面面积选取宜参照表 1-9。

表 1-9　10(20)kV 线路导线截面面积选择　　　　单位:mm²

线路类型	主干线				分支线		
架空线路	—	240	185	150	120	95	70
电缆线路	500	400	300	240	185	150	120

注:1. 主干线主要是指从变电站馈出的中压线路、开关站的进线和中压环网线路;
　　2. 分支线是指引至配电设施的线路。

0.4 kV 低压配电线路导线截面面积应按三年规划负荷确定,线路末端电压应符合现行国家标准《电能质量　供电电压偏差》(GB/T 12325—2008)的规定。

35 kV 及以上变压器阻抗值的选取应在满足系统稳定性、短路电流、电压需求的前提下,优先选取低阻抗变压器。

220 kV、330 kV 具有三个电压等级的变电站中,如通过主变压器各侧绕组的功率达到该变压器额定容量的 15% 以上,或三绕组需要装设无功补偿设备时,宜采用三绕组变压器或自耦变压器。

500 kV 及以下变电站的主变压器台数最终规模不宜少于 2 台,不宜多于 4 台。变电站单台主变压器容量不宜大于表 1-10 的规定。

表 1-10　变电站单台主变压器容量限值　　　　　　　　　　　单位：MV·A

主变压器电压比	单台主变压器容量限值
500 kV/220 kV	1 500
330 kV/110 kV	360
220 kV/110 kV、220 kV/66 kV、220 kV/35 kV	240
110 kV/20 kV、110 kV/10 kV、110 kV/35 kV/10 kV	63
66 kV/10 kV	63
35 kV/10 kV	31.5

选用空载损耗值和负载损耗值不高于《电力变压器能效限定值及能效等级》（GB 20052—2020）中 3 级能效等级规定的 10（20）kV 配电变压器，宜选用 S13 及以上节能型变压器。

不存在周期和季节性过载，年平均负载率低于 35% 和空载时间较长的（如路灯等）10（20）kV 配电台区宜优先选用非晶合金铁芯配电变压器。

年平均负载率低于 25%、负荷峰谷差大、春节及农忙等负荷短时大幅增长的 10（20）kV 配电变压器宜选用高过载或有载调容配电变压器。对日间负荷峰谷变化大或供电电压要求较高的供电区域，应结合安装环境优先选用有载调压配电变压器。

合理选择 10（20）kV 配电变压器容量。柱上变压器容量不应超过 400 kV·A，配电室单台变压器容量不宜超过 800 kV·A，箱式变电站变压器容量不宜超过 630 kV·A。

D、E 类供电区域居民分散居住、单相负荷为主地区宜选用单相变压器，容量为 10~50 kV·A，供电半径宜小于 50 m 或供电户数不超过 5 户。居民电采暖地区单相变压器容量可提高至 100 kV·A，单相变压器应均衡接入三相线路中。

推进节能变（配）电站建设，通过采用自然采光、环保节能型照明等减少生产和辅助用房的人工照明；通过对建筑物外墙保温及良好自然通风等设计，缩短空调和风机的使用时间，从而降低站用电损耗。

1.3.5　电网经济运行管理

根据电网有功、无功负荷潮流变化及设备的技术状况及时调整网络及设备运行方式，充分挖掘现有设备潜力，降低电能损耗，实现电网安全、稳定、经济运行。

35 kV 及以上变电站有多台变压器运行时，在保证电网安全运行的前提下，应合理调整负荷分配或停运轻载变压器，使变压器运行在经济区间。

35 kV 及以上变电站内的无功补偿装置、变压器挡位应接入自动电压控制（Automatic Voltage Control，AVC）系统，实现电压。应加强变电站无功补偿装置投切管理，并综合考虑与主变压器调挡的配合，使 35~220 kV 变电站主变压器最大负荷时高压侧功率因数不低于 0.95，最小负荷时不高于 0.95。

10（20）kV 配电线路及变压器负载率宜运行在经济区间，以降低运行损耗。配电线路负载率宜控制在 30%~70%;配电变压器应参照《电力变压器经济运行》(GB/T 13462—2008)确定经济运行区间,一般宜控制在 30%~75%。

应逐步开展 10(20)kV 配电网系统实时功率因数分析,合理优化无功潮流。

配电变压器的三相负荷应力求平衡,不平衡度宜按“(最大电流 − 最小电流)/ 最大电流 ×100%”的方式计算。配电变压器的不平衡度应符合:Yyn0 接线不大于 15%,中性线电流不大于变压器额定电流的 25%;Dyn11 接线不大于 25%,中性线电流不大于变压器额定电流的 40%。不符合以上规定时,应及时调整负荷。

开展需求侧管理工作,大力推广储电、蓄冷、蓄热等用能技术,为电力用户提供用能优化、无功补偿等能效服务,引导用户削峰填谷,降低能耗,改善负荷特性。

对于在电能质量在线监测和现场测试中发现的谐波等指标长期、严重超标的情况,应限期治理,使电能质量达到相关技术标准要求,减少电能质量不合格引起的附加损耗。

1.3.6　技术损耗分析与评价

电网技术损耗分析评价应从电网网架及无功配置、设备选型、电网运行等方面开展,每年至少开展一次。

电网网架及无功配置评价应从电压层级、容载比、输电线路长度、配电线路供电半径、无功配置等方面开展。电压层级选择评价为定性评价,按供电分区评价标准电压序列达标情况,现有的非标准电压应限制发展;容载比应参照电网负荷增长速度,评价各电压等级电网容载比选择的经济性;输电线路长度和配电线路供电半径评价应参照限值要求评价其经济性;无功配置评价应从感性和容性无功补偿装置容量和类型等方面评价其合理性。

电网设备评价应从输配电线路、变压器等设备选型方面开展。从导线截面面积等方面开展输配电线路损耗评价;从空载损耗、负载损耗、短路阻抗设计值及容量等方面对变压器类型、台数、容量开展损耗评价。

电网经济运行评价应从电网负荷、三相不平衡度、功率因数等方面开展。从运行电流超过经济电流比例评价 35 kV 及以上线路输送负荷的经济性。从 30%~70% 负载率区间运行时长评价 10(20)kV 配电线路负载率经济性,参照《电力变压器经济运行》(GB/T 13462—2008)评价变压器负载率运行区间的经济性。从三相负荷不平衡度评价 10(20)kV 配电变压器运行的经济性,从功率因数评价无功补偿装置运行的经济性。

电网技术损耗评价应形成分析评价报告,定位电网高损区域、高损元件,为后续降损工作开展提供支撑。

1.3.7　技术降损措施制定与实施

技术降损措施应从网架及无功优化、设备改造、经济运行等方面制定提出并实施。按照“先运方,后项目”原则,大力挖掘经济运行降损潜力,优先开展运行方式优化等技术降损措施;合理储备技术降损改造项目,优先安排投资回收期短、效益显著的改造项目。

1. 优化电网网架及无功配置,降低电能损耗

（1）做好各电压等级电网建设的衔接,新建变电站积极落实配套送出工程,优化变电站供电范围,及时转带负荷,优化现有电网结构。

（2）非标准电压等级线路、因负荷增长造成线路输送容量不够或能耗大幅度上升的线路,宜升压改造为标准电压等级线路。

（3）供电半径超标且区域性集中的 10（20）kV 及以下线路,应结合规划增加变电站布点,优化调整线路分段、联络,缩短线路供电半径。

（4）0.4 kV 低压供电半径超标的低压配电网,应考虑配电变压器负载率,合理增加 10（20）kV 配电变压器布点,布点应深入负荷中心。

（5）各电压等级电网无功补偿未配置或配置容量不足,造成电网功率因数不合格时,应经计算按需增配无功补偿装置。

（6）330~500 kV 电压等级与下一级电网之间有较大无功功率交换的,应对存在无功功率过剩的线路,采用高、低压并联电抗器予以补偿。220 kV 及以下有较多电缆进、出线的变电站,可在相应母线安装并联电抗器。

2. 改造电网高损设备,降低电能损耗

（1）"卡脖子"导线应按照线路饱和负荷一次选定导线截面面积进行更换。

（2）高损变压器宜更换为节能型变压器。

（3）过载、重载运行的 10（20）kV 及以下线路应采取与其他线路均衡负荷或新配出线路分切负荷的方式进行改造。

（4）重过载运行的 10（20）kV 配电变压器,应按照"先布点、后增容"的原则改造,及时分流,合理分切负荷。

（5）严重轻载运行且今后 5 年内负荷无明显增长的 10（20）kV 配电变压器宜更换为合适容量的变压器。用电季节性变化大的 10（20）kV 配电变压器宜更换为有载调容变压器或能效等级较高的配电变压器。

（6）因单组容量过大造成设备使用效率低的站内无功补偿装置,应进行分组改造,降低单组容量。

（7）对供电距离远、功率因数低的 10（20）kV 架空线路,可适当安装柱上并联补偿电容器或串联补偿电容器。

（8）鼓励应用动态无功补偿装置、混合型无功补偿装置、节能金具、三相负荷平衡自动调节装置等节能降损新技术、新工艺、新材料与新设备。

3. 优化运行方式,降低电能损耗

（1）根据负荷季节变化,定期开展变压器经济运行分析,合理调整变压器的投停及负荷分配。

（2）实时开展 35 kV 及以上电网无功电压自动控制,10（20）kV 配电变压器无功补偿采

用自动投切并逐步纳入监控。

（3）合理调整 10（20）kV 配电网开环点,优化功率分布。

（4）常态开展 10（20）kV 配电变压器三相负荷分配调整,平衡三相负荷。

（5）定期开展用户设备检查,督促用户进行功率因数及电能质量治理。

技术改造措施实施后的降损效果评价依据《电力网电能损耗计算导则》（DL/T 686—2018）等相关标准开展。

1.3.8 检查考核

技术降损管理实行分级考核,国家电网设备部对省公司技术降损工作开展情况进行检查考核;省公司设备部对地（市）级公司技术降损工作开展情况进行检查考核。

第 2 章　电网线损计算

2.1　基础计算

2.1.1　功角相关

1. 阻抗角

在图 2-1 所示的阻抗三角形中,端电压超前电流相位角称为阻抗角 φ,其计算公式为

$$\varphi = \arctan \frac{X}{R} = \arctan \frac{X_L - X_C}{R} \tag{2-1}$$

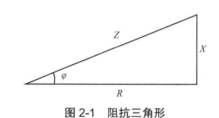

图 2-1　阻抗三角形

2. 有功功率

在三相对称交流系统中,无论电源或负载是星形连接还是三角形连接,三相总有功功率为

$$P = \sqrt{3}UI \cos \varphi \tag{2-2}$$

其中,P 为有功功率,kW;U 为电压有效值,kV;I 为电流有效值,A;$\cos \varphi$ 为功率因数。

3. 无功功率

在交流电路中,电感或电容与电源进行能量的反复交换,即电能转换为电感或电容的磁场能或电场能,这种能量交换速率的最大值称为无功功率。

在三相对称电路中,无论电源或负载是星形连接还是三角形连接,三相总无功功率为

$$Q = \sqrt{3}UI \sin \varphi \tag{2-3}$$

其中,Q 为无功功率,kvar;$\sin \varphi$ 为功率因数角的正弦值。

4. 视在功率

在具有电阻和电抗的交流电路中,电压和电流有效值的乘积称为视在功率。对于三相交流电路,其计算公式为

$$S = \sqrt{3}UI = \sqrt{P^2 + Q^2} \qquad\qquad (2\text{-}4)$$

有功功率、无功功率和视在功率的关系可表示为如图 2-2 所示的功率三角形。

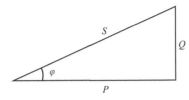

图 2-2　功率三角形

5. 功率因数

有功功率与视在功率之比称为功率因数,用 $\cos\varphi$ 表示,其计算公式为

$$\cos\varphi = \frac{P}{S} = \frac{P}{\sqrt{P^2 + Q^2}} = \frac{1}{\sqrt{1 + (Q/P)^2}} \qquad (2\text{-}5)$$

在实际工作中,计算功率因数时,还可以利用线路或变压器电量或输出功率表示,计算公式为

$$\cos\varphi = \frac{A_{\mathrm{TP}}}{\sqrt{A_{\mathrm{TP}}^2 + A_{\mathrm{TQ}}^2}} = \frac{P_{\mathrm{2T}}}{S_{\mathrm{T}}} \qquad (2\text{-}6)$$

其中, A_{TP} 为 T 时间内变压器计量侧有功电能, $\mathrm{kW \cdot h}$; A_{TQ} 为 T 时间内变压器计量侧无功电能, $\mathrm{kvar \cdot h}$; P_{2T} 为 T 时间内变压器输出平均功率, kW; S_{T} 为 T 时间内变压器输出平均视在功率, $\mathrm{kV \cdot A}$。

6. 平均电流

在线损理论计算当中,平均电流 I_{av}(单位为 A)是应用最多的计算参数之一,其计算公式为

$$I_{\mathrm{av}} = \frac{P}{\sqrt{3}U\cos\varphi} \qquad\qquad (2\text{-}7)$$

在实际工作中,如果已知计量点有功电量和功率因数,则平均电流计算公式可表示为

$$I_{\mathrm{av}} = \frac{A_{\mathrm{TP}}}{\sqrt{3}U_{\mathrm{av}}T\cos\varphi} \qquad\qquad (2\text{-}8)$$

其中, A_{TP} 为 T 时间内计量点有功电能, $\mathrm{kW \cdot h}$; U_{av} 为平均电压, kV; T 为实际运行时间, h。

若已知计量点有功电量和无功电量,将功率因数计算式(2-6)代入式(2-8),可得

$$I_{\mathrm{av}} = \frac{1}{U_{\mathrm{av}}T}\sqrt{\frac{1}{3}(A_{\mathrm{TP}}^2 + A_{\mathrm{TQ}}^2)} \qquad (2\text{-}9)$$

在实际工作中,无论是线路还是变压器,由于计量点有功电量和无功电量较容易获得,因此用式(2-9)进行计算较为简捷,同时避免了功率因数的烦琐计算,计算结果的准确度也在可接受范围内。

7. 效率

输出电量(或功率)与输入能量(或功率)的比值称为效率,其计算公式为

$$\eta = \frac{P_{out}}{P_{in}} \times 100\% \qquad (2\text{-}10)$$

其中,η 为效率,%;P_{out} 为输出功率,kW;P_{in} 为输入功率,kW。

2.1.2　负载率与相关系数

1. 负载率与视在负载率

在一定时间(日、月、年)内,用电的平均负载与最大负载之比的百分数称为负载率,其计算公式为

$$\gamma = \frac{P_{av}}{P_m} \times 100\% \qquad (2\text{-}11)$$

其中,γ 为负载率(平均负载率),%;P_{av} 为平均负载功率,kW;P_m 为最大负载功率,kW。

对于变压器而言,需要采用其视在负载率来表示变压器的运行裕度,即一定时间内负载的平均视在功率与最大视在功率之比的百分数。

$$\gamma_T = \gamma_{TP} \frac{\cos\varphi_{av}}{\cos\varphi_m} \qquad (2\text{-}12)$$

其中,γ_T 为 T 小时的视在负载率,%;γ_{TP} 为 T 小时的有功负载率,%;$\cos\varphi_{av}$ 为 T 小时内负载的平均功率因数;$\cos\varphi_m$ 为 T 小时内最大负载时的功率因数。

2. 负载系数

对于变压器,采用负载系数表征变压器的平均利用率。可根据《电力变压器经济运行》(GB/T 13462—2008)标准中的规定来计算变压器平均负载系数。

$$\beta = \frac{S}{S_N} = \frac{P}{S_N \cos\varphi} \qquad (2\text{-}13)$$

其中,β 为变压器平均负载系数;S 为一定时间内变压器平均输出的视在功率,kV·A;S_N 为变压器的额定容量,kV·A;P 为一定时间内变压器平均输出的有功功率,kW;$\cos\varphi$ 为一定时间内变压器负载侧平均功率因数。

3. 均方根电流

均方根电流法是用来计算电力网电能损耗特别是输电线路、变压器电能损耗最常用的计算方法之一。

当已知某测量点全天 24 个整点的电流时,可得其日均方根电流。

$$I_{if} = \sqrt{\frac{I_1^2 + I_2^2 + \cdots + I_{24}^2}{24}} = \sqrt{\frac{\sum\limits_{i=1}^{24} I_i^2}{24}} \qquad (2\text{-}14)$$

其中,I_{if} 为代表日的均方根电流,A;I_1、I_2、$\cdots$、I_{24} 分别为代表日 24 个整点通过该元件的电

流，A。

当已知负载三相有功功率、无功功率时，均方根电流可由下式求得

$$I_{if} = \sqrt{\dfrac{\sum\limits_{i=1}^{24} \dfrac{P_i^2 + Q_i^2}{U_i^2}}{72}} = \sqrt{\dfrac{\sum\limits_{i=1}^{24} \dfrac{S_i^2}{U_i^2}}{72}} \qquad (2\text{-}15)$$

其中，P_i、Q_i 分别为整点时通过元件的三相有功功率、无功功率，kW、kvar；U_i 为与 P_i、Q_i 同一测量端同一时间的线电压，kV；S_i 为整点时通过元件的视在功率，kV·A。

4. 负载曲线形状系数

均方根电流与平均电流的比值称为形状系数。它也是平均电流法进行输电线路或变压器电能损耗计算的常用方法之一。负载曲线形状系数 k 的计算公式为

$$k = \frac{I_{if}}{I_{av}} \qquad (2\text{-}16)$$

其中，I_{if}、I_{av} 分别为通过变压器绕组的均方根电流、平均负载电流，A。

负载曲线形状系数是描述考察点（如线路首端、变压器高压侧或负载侧）负载起伏变化特征的一个参数，表述了负载曲线的陡急程度和平缓程度。它是大于或等于 1 的数。

5. 负载波动损耗系数

负载波动损耗系数是指一定时间内，负载波动条件下的变压器负载损耗与平均负载条件下的负载损耗之比，用 K_T 表示。由《电力变压器经济运行》（GB/T 13462—2008）附录 C 中关于负载波动损耗系数的计算法可知，负载波动损耗系数与负载曲线形状系数 k 的关系为

$$K_T = k^2 \qquad (2\text{-}17)$$

按照《电力网电能损耗计算导则》（DL/T 686—2018）中关于形状系数 k 的计算说明可知，负载波动损耗系数 K_T 与负载率 γ、最小负载率 γ_{min} 存在如下关系。

当变压器负载率 $\gamma \geqslant 0.5$ 时，按直线变化的持续负载曲线计算负载波动损耗系数 K_T 值，即

$$K_T = \frac{\gamma_{min} + \dfrac{1}{3}(1 - \gamma_{min})^2}{\left(\dfrac{1 + \gamma_{min}}{2}\right)^2} \qquad (2\text{-}18)$$

当负载率 $\gamma < 0.5$ 且 $\gamma > \gamma_{min}$ 时，按二阶梯持续负载曲线计算负载波动损耗系数，即

$$K_T = \frac{\gamma(1 + \gamma_{min}) - \gamma_{min}}{\gamma^2} \qquad (2\text{-}19)$$

6. 损失因数

均方根电流的平方与最大电流的平方的比值，称为损失因数，用 F 表示，其计算公式为

$$F = \frac{I_{if}^2}{I_m^2} \qquad (2\text{-}20)$$

计算线路或变压器元件损耗电量时,只要知道 T 时间内的最大电流和损失因数,即可求得损耗电量。

按照《电力网电能损耗计算导则》(DL/T 686—2018)中关于损失因数的计算说明可知,损失因数 F 与平均负载率 γ 和最小负载率 γ_{min} 有如下关系。

当负载率 $\gamma \geqslant 0.5$ 时,按直线变化的持续负载曲线计算损失因数 F,即

$$F = \gamma + \frac{1}{3}(1-\gamma)^2 \tag{2-21}$$

当负载率 $\gamma < 0.5$ 且 $\gamma > \gamma_{min}$ 时,按二阶梯持续负载曲线计算损失因数,即

$$F = \gamma(1+\gamma_{min}) - \gamma_{min} \tag{2-22}$$

2.2　变压器损耗计算

变压器损耗分为铁损和铜损两部分。

2.2.1　变压器铁损

当变压器二次绕组开路,一次绕组施加额定频率正弦波形的额定电压时,所消耗的有功功率称为空载损耗。由于空载电流很小,可以认为空载损耗即为铁损。

1. 变压器铁损影响因素分析

变压器的铁损(即空载损耗)与变压器制造工艺、硅钢片单位损耗及铁芯质量有关。

$$P_{Fe} = K_{Fe} P_{Fe} G_{Fe} \tag{2-23}$$

其中,P_{Fe} 为变压器铁芯空载损耗, kW;K_{Fe} 为变压器铁芯制造工艺系数(一般取 1.15 ~ 1.70);P_{Fe} 为变压器铁芯单位质量的电功率损耗,kW/kg;G_{Fe} 为变压器铁芯总质量,kg。

由式(2-23)可知,降低变压器空载损耗可以从以下三个角度入手:①提升铁芯硅钢片的性能能够降低变压器的空载损耗,同等规格下,单位损耗 P_{Fe} 小的硅钢片,空载损耗小;②改进铁芯结构和工艺,降低工艺系数 K_{Fe} 可以降低空载损耗;③变压器铁芯总质量与变压器容量成正比,当硅钢片材料选定时,变压器容量越大,所需铁芯质量 G_{Fe} 越大,空载损耗越高,不能通过降低铁芯质量 G_{Fe} 的方式降低空载损耗。

2. 调压分接头挡位变化对铁损的影响

变压器铁芯单位质量的电功率损耗 P_{Fe} 与变压器铁芯的磁通密度 β_m 的关系可由下式表示:

$$P_{Fe} = \left(\frac{\beta_m}{1000}\right)\left(\frac{f}{50}\right)^{1.3} \tag{2-24}$$

其中,f 为电源电压频率,在正常情况下为 50 Hz, 而 $\beta_m \propto E$ (变压器绕组总感应电压值),可见 $P_c \propto E^2$ 。所以,对于调压变压器,每个分接位置的空载损耗都不相同,其电压分接变化对其空载损耗具有较大影响,使用中必须根据技术条件要求,选取正确的分接位置,此时的

变压器空载损耗可由施加额定电压时的额定空载损耗求得。

$$P_0 = P_{on} \left(\frac{U_{av}}{U_f} \right)^2 \tag{2-25}$$

其中，P_{on} 为变压器的额定空载损耗（变压器铭牌值），kW；U_{av} 为平均电压，kV；U_f 为变压器分接头电压，kV。

3. 变压器空载损耗电量

对于单台变压器，其空载损耗电量可根据变压器铭牌参数中的空载损耗数据求得。

$$\Delta A_0 = P_0 T \tag{2-26}$$

其中，ΔA_0 为变压器空载损耗电量，$kW \cdot h$；P_0 为变压器铁芯空载损耗（可以取变压器铭牌上的额定空载损耗 P_{on}），kW；T 为变压器运行时间（包括空载运行时间和带负荷运行时间），h。

在考虑分接电压对空载损耗的影响时，单台变压器空载损耗电量计算公式为

$$\Delta A_0 = P_{on} \left[\frac{U_{av}}{U_f} \right]^2 T \tag{2-27}$$

2.2.2　变压器铜损

在做短路试验时，一般将低压绕组短路，在高压绕组施以试验电压，使在额定分接挡，高压侧电流达到额定值，而低压侧电流也达到额定值，这时变压器的铜损相当于额定负载时的铜损。由于变压器低压侧短路，因此铁芯中的工作磁通比额定工作状态时要小得多，铁损可以忽略不计，这时变压器没有输出，所以短路试验的全部输入功率，基本上都消耗在变压器一、二次绕组的电阻上，这就是变压器的铜损，变压器的铜损即变压器的负载损耗。

1. 变压器铜损影响因素分析

变压器铜损与变压器绕组材料电导率、电流密度和导线质量有关。

$$P_{Cu} = K_m \delta^2 G_m \tag{2-28}$$

其中，P_{Cu} 为变压器的铜损，kW；K_m 为与变压器绕组电导率有关的系数；δ 为变压器绕组的电流密度；G_m 为变压器导线的总质量，kg。

由式（2-28）可知，可以从以下几个方面降低变压器的铜损：①降低与变压器绕组电导率有关的系数，必须采用电导率高的铜线，因此 S11 型叠铁芯变压器采用无氧铜杆拉拔的无氧铜导线，它比电解铜导线的电导率要高；②降低导线质量，电流密度成平方地增大，变压器的铜损反而上升；③降低电流密度，可以降低铜损，但导线质量增大，浪费材料，增加成本；④减少匝数，可以降低铜损，但增大铁芯尺寸，铁损会对应增大。因此，通过直接改变变压器电导率来降低变压器的铜损是有困难的。除了适当降低电流密度外，只从改善绝缘结构、缩小绝缘体积、提高绕组填充系数着手，来减小绕组尺寸，以减少变压器的铜损。

2. 变压器负载损耗的计算

《电力变压器经济运行》（GB/T 13462—2008）标准中规定，在变压器负载损耗的计算过

程中,计算变压器有功、无功和综合功率损耗时,应考虑负载波动损耗系数 K_T 对计算结果的影响,需要采用动态计算式。

1)双绕组变压器铜损电量计算

根据《电力网电能损耗计算导则》(DL/T 686—2018),变压器负载损耗电量公式为

$$\Delta A_R = P_k \left(\frac{I_{if}}{I_N} \right)^2 T \tag{2-29}$$

$$\Delta A_R = P_k K_T \left(\frac{I_{av}}{I_N} \right)^2 T \tag{2-30}$$

$$\Delta A_R = K_T \beta^2 P_k T \tag{2-31}$$

其中, ΔA_R 为变压器负载损耗电量,kW·h; P_k 为变压器短路损耗,kW; I_{if} 为通过变压器绕组的均方根电流,A; I_{av} 为通过变压器绕组的平均负荷电流,A; I_N 为变压器的额定电流,应取与负荷电流同一电压侧的数据,A; β 为变压器平均负载系数; K_T 为变压器负载波动损耗系数。

上述公式中用均方根电流计算变压器的铜损实际上就是考虑了变压器负载率的影响,属于对变压器电能损耗的动态计算。当一定时间段内变压器(含三绕组变压器)的各侧负载率在 95% 以上时,可以用稳态计算式进行计算,即在式(2-30)中可以不考虑变压器负载波动损耗系数的影响,直接用平均电流 I_{ar} 来计算变压器的铜损;否则,变压器任何一侧的负载率低于 95% 时,必须用上述动态计算公式进行计算,以减少计算误差,确保变压器线损理论计算的准确性。

2)三绕组变压器铜损电量计算

三绕组变压器负载电能损耗的计算,应该根据各个绕组的短路损耗功率及其通过的负载,分别计算每个绕组的损耗电能,再相加得到三绕组变压器的总损耗电能。

$$\Delta A_R = \left[P_{k1} \left(\frac{I_{if1}}{I_{N1}} \right)^2 + P_{k2} \left(\frac{I_{if2}}{I_{N2}} \right)^2 + P_{k3} \left(\frac{I_{if3}}{I_{N3}} \right)^2 \right] \times T \tag{2-32}$$

$$\Delta A_R = (K_{T1} P_{k1} \beta_1^2 + K_{T2} P_{k2} \beta_2^2 + K_{T3} P_{k3} \beta_3^2) \times T \tag{2-33}$$

对于三绕组容量相等、负载波动损耗系数相同的变压器,上述公式还可以表示为

$$\Delta A_R = \beta_1^2 (P_{k1} + C_2^2 P_{k2} + C_3^2 P_{k3}) \times K_T \times T \tag{2-34}$$

其中, ΔA_R 为三绕组变压器负载损耗电量,kW·h; T 为变压器带负载运行时间,h; I_{if1}、 I_{if2}、 I_{if3}、 I_{N1}、 I_{N2}、 I_{N3} 分别为变压器三侧的均方根电流、额定电流,A; β_1、 β_2、 β_3 分别为变压器高、中、低电压三侧负载系数; K_{T1}、 K_{T2}、 K_{T3} 分别为变压器高、中、低压侧负载波动损耗系数; P_{k1}、 P_{k2}、 P_{k3} 分别为三绕组变压器高、中、低绕组的短路损耗功率,kW; C_2、 C_3 分别为变压器二次、三次绕组的负载分配系数。

式(2-34)中,

$$\begin{cases} P_{k1} = \dfrac{1}{2}(P_{k12} + P_{k13} - P_{k23}) \\[2mm] P_{k2} = \dfrac{1}{2}(P_{k12} + P_{k23} - P_{k13}) \\[2mm] P_{k3} = \dfrac{1}{2}(P_{k13} + P_{k23} - P_{k12}) \\[2mm] C_2 = S_2 / S_1 \\[2mm] C_3 = S_3 / S_1 \end{cases} \tag{2-35}$$

其中，P_{k12}、P_{k13}、P_{k23} 分别为变压器三个绕组两两绕组的短路损耗，kW；S_1、S_2、S_3 分别为变压器高、中、低三侧负载视在容量，kV·A。

2.2.3　变压器综合损耗

变压器综合损耗包含变压器的铜损和铁损，可以利用变压器的铭牌参数、变压器出厂说明书所给的出厂试验值来计算，也可通过变压器的空载试验和短路试验测得，且实测值是最准确的。

1. 双绕组变压器

1）双绕组变压器有功功率损耗的计算

$$\Delta P = P_0 + K_T \beta^2 P_k \tag{2-36}$$

其中，ΔP 为变压器有功功率损耗，kW。

2）双绕组变压器有功电量损耗的计算

$$\Delta A_P = (P_0 + K_T \beta^2 P_k) \times T \tag{2-37}$$

其中，ΔA_P 为变压器有功电量损耗，kW·h。

3）双绕组变压器无功功率损耗的计算

$$\begin{cases} \Delta Q = Q_0 + k^2 \beta^2 Q_k \\[2mm] Q_0 = \dfrac{I_0\% \times S_N}{100} \\[2mm] Q_k = \dfrac{U_k\% \times S_N}{100} \end{cases} \tag{2-38}$$

其中，ΔQ 为变压器无功功率损耗，kvar；Q_0 为变压器磁化功率（空载励磁功率损耗），kvar；Q_k 为变压器额定负载时绕组漏抗漏磁功率，kvar；$I_0\%$ 为变压器空载电流百分数；$U_k\%$ 为变压器短路阻抗电压百分数。

4）双绕组变压器无功损耗电量的计算

$$\Delta A_Q = K_Q \Delta Q T \tag{2-39}$$

其中，ΔA_Q 为变压器无功损耗电量，kW·h；ΔQ 为变压器无功功率损耗，kvar；T 为变压器运行时间，h；K_Q 为无功经济当量，kW/kvar。

无功经济当量 K_Q 是指变压器无功功率损耗每增加或减少 1 kvar 时引起受电网有功功

率损耗增加或减少的量。对于 110 kV 变电站，其变压器受电位置通常处于二次变压位置，其无功经济当量 K_Q 取 0.07 kW/kvar；对于 35 kV 变电站主变压器或 10 kV 线路上的配电变压器，其变压器受电位置通常处于三次变压位置，其无功经济当量 K_Q 取 0.10 kW/kvar。当功率因数已经补偿到 0.9 及以上时，其无功经济当量 K_Q 取 0.04 kW/kvar。

5）双绕组变压器综合功率损耗的计算

$$\begin{cases} \Delta P_Z = \Delta P + K_Q \Delta Q = P_{0Z} + K_T \beta^2 P_{kz} \\ P_{0Z} = P_0 + K_Q Q_0 \\ P_{kz} = P_k + K_Q Q_k \end{cases} \tag{2-40}$$

其中，ΔP_Z 为变压器综合功率损耗，kW；K_Q 为无功经济当量，kW/kvar；P_{0Z} 为变压器综合功率的空载损耗，kW；P_{kz} 为变压器综合功率的额定负载功率损耗，kW。

6）变压器综合损耗电量的计算

$$\Delta A_Z = (\Delta P + K_Q \Delta Q) \times T = (P_{0Z} + K_T \beta^2 P_{kZ}) \times T \tag{2-41}$$

其中，ΔA_Z 为变压器综合损耗电量，kW·h。

7）变压器损耗率的计算

变压器有功功率损耗率、无功功率损耗率及综合功率损耗率可按照如下公式计算：

$$\Delta P\% = \frac{\Delta P}{P_1} \times 100\% \tag{2-42a}$$

或

$$\Delta A_p\% = \frac{\Delta A_P}{A_1} \times 100\% \tag{2-42b}$$

$$\Delta Q\% = \frac{\Delta Q}{P_1} \times 100\% \tag{2-43a}$$

或

$$\Delta A_Q\% = \frac{\Delta A_Q}{A_1} \times 100\% \tag{2-43b}$$

$$\Delta P_Z\% = \frac{\Delta P_Z}{P_1} \times 100\% \tag{2-44a}$$

或

$$\Delta A_Z\% = \frac{\Delta A_Z}{A_1} \times 100\% \tag{2-44b}$$

其中，$\Delta P\%$、$\Delta A_p\%$ 分别为变压器有功功率损耗率、有功电量损耗率，%；$\Delta Q\%$、$\Delta A_Q\%$ 分别为变压器无功功率损耗率、无功电量损耗率，%；$\Delta P_Z\%$、$\Delta A_Z\%$ 分别为变压器综合功率损耗率、综合电量损耗率，%；P_1、A_1 分别为变压器电源侧有功功率、有功电量，kW、kW·h。

8）综合功率损耗计算算例

已知某 110 kV 变电站有一台主变压器型号为 SZ11-40000/110，电压比 110 ± 8 × 1.25%/10.5。其铭牌主要参数如下：低压侧额定电流为 2 199.4 A，空载损耗为

22.84 kW,负载损耗为 137.56 kW,短路阻抗电压百分数为 11.74%,空载电流百分数为 1%。某日该变压器运行数据如下:高压侧分接头挡位为 3 挡,高压侧母线平均电压为 116.8 kV,高压侧负载曲线形状系数取 1.03;低压侧母线平均电压为 10.3 kV,日 24 点平均电流为 568.54 A,日 24 点均方根电流为 581.86 A,日最大负荷电流为 753.3 A,变压器高、低压侧日统计电量分别为 240 900 kW·h、240 000 kW·h,低压侧平均功率因数为 0.96。求该变压器在当日的综合损耗率,并与统计线损率进行比较。

（1）计算该变压器空载损耗,即铁损。

由已知条件计算变压器挡位分接电压

$$U_f = 110 \times (1 + 6 \times 1.25\%) = 118.25 \text{ kV}$$

根据前述变压器空载损耗电量计算公式,计算变压器空载损耗电量

$$P_0 = P_{0N} \left(\frac{U_{av}}{U_f} \right)^2 = 22.28 \text{ kW}$$

则变压器空载损耗电量

$$\Delta A_0 = P_0 T = 534.8 \text{ kW·h}$$

（2）计算该变压器负载损耗,即铜损。

根据变压器负载损耗电量计算公式,计算变压器负载损耗电量

$$\Delta A_R = K_T \beta^2 P_k t = 234 \text{ kW·h}$$

（3）计算该变压器无功损耗电量。

该变压器空载无功损耗

$$Q_0 = \frac{I_0\% \times S_N}{100} = 4 \text{ kvar}$$

负载无功损耗

$$Q_k = \frac{U_k\% \times S_N}{100} = 46.96 \text{ kvar}$$

则该变压器无功功率损耗

$$\Delta Q = Q_0 + k^2 \beta^2 Q_k = 7.49 \text{ kvar}$$

该变压器无功损耗电量

$$\Delta A_Q = K_Q \Delta Q T = 7.2 \text{ kW·h}$$

（4）计算变压器综合电量损耗。

该变压器综合电量损耗计算

$$\Delta A = \Delta A_0 + \Delta A_R + \Delta A_Q = 776 \text{ kW·h}$$

（5）计算并比较变压器综合损耗率与统计线损率。

计算变压器综合损耗率

$$\Delta A\% = \frac{\Delta A}{A_1} \times 100\% = 0.32\%$$

计算变压器统计线损率

$$\Delta A\% = \frac{\Delta A}{A_1} \times 100\% = 0.374\%$$

两者基本一致。

2. 三绕组变压器

1）三绕组变压器综合功率损耗计算

三绕组变压器综合功率损耗的计算过程基本与双绕组变压器一致，只是绕组数量变多。

$$\begin{cases} \Delta P_Z = \Delta P + K_Q \Delta Q \\ \Delta P_Z = P_{0Z} + S_1(K_{T1}\dfrac{P_{K1Z}}{S_{1N}^2} + K_{T2}C_2^2\dfrac{P_{K2Z}}{S_{2N}^2} + K_{T3}C_3^2\dfrac{P_{K3Z}}{S_{3N}^2}) \end{cases} \quad (2\text{-}45)$$

其中，P_{K1Z}、P_{K2Z}、P_{K3Z}分别为变压器一、二、三次绕组额定负载的综合功率损耗，kW。

2）三绕组变压器算例

已知某 110 kV 变电站主变压器型号为 SFSZ9-31500/110，电压比为 110/35/10。变压器铭牌参数的空载损耗为 24.7 kW，其铭牌参数及某日的运行数据详见表 2-1。

表 2-1　某 110 kV 变电站某日运行数据

I_{N1}（A）	I_{N2}（A）	I_{N3}（A）	P_{k12}（kW）	P_{k13}（kW）	P_{k23}（kW）	$U_{k12}\%$（%）	$U_{k23}\%$（%）	$U_{k13}\%$（%）
165.3	472.4	1732	119.4	137.2	99.75	10.05	6.58	17.94

A_{P1}（kW·h）	A_{P2}（kW·h）	A_{P3}（kW·h）	A_{Q1}（kvar）	A_{Q2}（kvar）	A_{Q3}（kvar）	U_1（kV）	U_2（kV）	U_3（kV）
308 880	61 320	246 000	47 520	13 020	21 000	114.4	37.4	10.66

表 2-1 中，I_{N1}、I_{N2}、I_{N3}分别为高、中、低三侧额定电流，A；P_{k12}、P_{k13}、P_{k23}分别为每两相绕组的额定短路损耗，kW；$U_{k12}\%$、$U_{k23}\%$、$U_{k13}\%$分别为变压器三个绕组的额定阻抗电压百分数；A_{P1}、A_{P2}、A_{P3}分别为变压器三侧日有功电量，kW·h；A_{Q1}、A_{Q2}、A_{Q3}分别为变压器三侧日无功电量，kvar；U_1、U_2、U_3分别为变压器三侧的平均电压。该变电站负荷曲线形状系数取 1.035，空载电流百分数为 3%。

求：该主变压器的综合功率损耗、总损耗电量及损耗率，并与统计损耗率进行比较分析。

（1）计算该变压器三侧负载率。

根据变压器三侧日有功电量和无功电量，可以计算出变压器三侧平均有功功率和平均无功功率，分别为 $P_1 = 12\,870$ kW、$P_2 = 2\,555$ kW、$P_3 = 10\,250$ kW、$Q_1 = 1\,980$ kvar、$Q_2 = 543$ kvar、$Q_3 = 875$ kvar。

根据功率因数与有功功率、视在功率的关系式 $\cos\varphi = P / \sqrt{P^2 + Q^2}$，可以计算出三侧平均功率因数，分别为 $\cos\varphi_1 = 0.988$、$\cos\varphi_2 = 0.978$、$\cos\varphi_3 = 0.996$。

根据三相有功功率公式 $P = \sqrt{3}UI\cos\varphi$，可以计算出变压器三侧平均负载电流，分别为 $I_{av1} = 65.72$ A、$I_{av2} = 40.32$ A、$I_{av3} = 557.18$ A。

根据变压器负载系数公式 $\beta = I_{av} / I_{N}$，可以计算出变压器平均负载系数 β，分别为 $\beta_1 = 0.398$、$\beta_2 = 0.085$、$\beta_3 = 0.322$。

（2）计算该变压器有功功率损耗。

根据三相变压器绕组短路功率损耗公式，可以计算出变压器的绕组短路功率损耗值，分别为

$$P_{k1} = \frac{1}{2}(P_{k12} + P_{k13} - P_{k23}) = 78.43\,\text{kW}$$

$$P_{k2} = \frac{1}{2}(P_{k12} + P_{k23} - P_{k13}) = 40.98\,\text{kW}$$

$$P_{k3} = \frac{1}{2}(P_{k13} + P_{k23} - P_{k12}) = 58.78\,\text{kW}$$

根据三相变压器有功功率损耗公式，可以计算出变压器总的有功功率损耗

$$\Delta P = P_0 + (P_{k1}\beta_1^2 + P_{k2}\beta_2^2 + P_{k3}\beta_3^2)k^2 = 43.02\ \text{kW}$$

（3）计算变压器无功功率损耗。

根据变压器三绕组的额定阻抗电压百分数公式，可以计算出阻抗电压百分比，分别为 $U_{k1}\% = 10.71\%$、$U_{k2}\% = -0.66\%$、$U_{k3}\% = 7.24\%$。

变压器空载无功功率、三绕组实际无功损耗分别为

$$Q_0 = \frac{I_0\% \times S_N}{100} = 9.45\,\text{kvar}$$

$$Q_{k1} = \frac{U_{k1}\% \times S_N}{100} = 33.74\,\text{kvar}$$

$$Q_{k2} = \frac{U_{k2}\% \times S_N}{100} = -2.08\,\text{kvar}$$

$$Q_{k3} = \frac{U_{k3}\% \times S_N}{100} = 22.81\,\text{kvar}$$

该变压器无功功率损耗

$$\Delta Q = Q_0 + (\beta_1^2 Q_{k1} + \beta_2^2 Q_{k2} + \beta_3^2 Q_{k3})k^2 = 17.66\,\text{kvar}$$

（4）计算该变压器综合功率损耗。

该变压器综合功率损耗

$$\Delta P_Z = \Delta P + K_Q \Delta Q = 43.73\,\text{kW}$$

（5）计算该变压器综合损耗电量及线损率。

该变压器日损耗电量

$$\Delta A_Z = \Delta P_Z T = 1\,049\,\text{kW·h}$$

该变压器日损耗率

$$\Delta A\% = \frac{\Delta A_Z}{\Delta P_1} \times 100\% = 0.34\%$$

（6）将该变压器日统计损耗率与理论计算损耗率进行对比。

变压器统计损耗率

$$\Delta A\% = \frac{\Delta P_1 - \Delta P_2 - \Delta P_3}{\Delta P_1} \times 100\% = 0.51\%$$

理论计算损耗率比统计损耗率低 0.17 个百分点，差异较大，需要查找差异原因。

2.3　线路损耗计算

2.3.1　输电线路损耗

输电线路定义的电压等级为 35 kV 及以上。

1. 电晕损耗

由于架空线路的绝缘介质是空气，当导线表面的电场强度超过空气的绝缘耐压强度（3～4 kV/mm）时，空气层就产生游离电子，形成放电，空气中带电离子的移动就构成电晕电流，电晕是极不均匀电场中所特有的电子崩为流注形式的稳定放电。电晕不但产生有功损耗，而且还对无线电及高频通信产生干扰。电晕的产生是因为不平滑的导体产生不均匀的电场，在不均匀的电场周围及曲率半径小的电极附近当电压升高到一定值时，由空气游离放电形成。电晕主要与输电电压有关，随着电压升高，电晕常是先从（尖角不光滑处）电场强度较大的局部开始放电（称为起始电晕，起始电晕临界强度为 30 kV/cm），随后出现可见电晕，并扩大到全部表面，形成全面电晕。简单地说，曲率半径小的导体电极对空气放电，便产生了电晕。另外，电晕放电现象还会使空气中的气体发生电化学反应，产生一些腐蚀性的气体，造成线路的腐蚀，发出的可闻噪声有时会超过环境规定的值。电晕放电过程中不断进行的流注和电子崩会形成高频电场脉冲，形成电磁污染，影响无线电和电视广播。但是，电力系统中的电晕现象可以有效降低雷电冲击波对电力系统的损坏，对操作过电压也有一定的限制作用。

电力系统容易产生电晕的地方大体有三处：第一是在变电站母线两端的耐张线夹处，因为母线尾端剪切不平滑并且带有毛刺，以及耐张线夹与绝缘子连接的穿钉上的开口销比较尖锐，易产生电晕；第二是在线路的耐张杆塔处，因为耐张杆塔跳线的两端剪切不平滑，易产生电晕，耐张线夹与绝缘子碗头穿钉上的开口销也易产生电晕；第三是在直线杆塔上，因为悬垂线夹与挂板连接的穿钉上的开口销尾端比较尖锐，也易产生电晕。

电晕是电力系统电能损耗的重要原因之一。电晕放电电流与天气湿度以及空气的流动速度有关。根据相关试验测算，一条 110 kV 输电线路和一个 110 kV 变电站组成的电力系统约有 50 个地方会产生电晕现象，那么这个电力系统所损耗的有功功率就有 11～55 kW，平均每处功率损耗在 0.22～1.1 kW。

由于提升电力系统的输电电压是增加输电能力的最有效手段，不能通过降低电压来减少电晕损耗。因此，减少导体电极曲率半径小的部位是减少和防止电晕的最佳途径。可以对电力系统容易产生电晕的三个地方进行适当处理，减少高压设备曲率半径小的部位暴露在空气中的可能性,防止电晕产生。第一,在变电站母线两端加装球形附件,使母线两端不平滑部分不暴露在空气中,以及在耐张线夹与绝缘子碗头连接处采用线夹穿钉开口销封闭装置,使开口销不暴露在空气中;第二,在线路耐张杆塔的跳线两头套用球头状铝筒棒;第三,对于直线杆塔悬垂线夹与挂板连接的穿钉上的开口销、耐张杆塔(含终端杆塔)绝缘子碗头与耐张线夹连接的穿钉上的开口销采用线夹穿钉开口销封闭装置。

电晕损耗与电晕放电密切相关,而影响电晕放电的因素很多,尤其是气象条件对电晕损耗的影响特别突出,导致电晕损耗的数值变化范围很大,晴好天气时,每千米输电线路的电晕损耗小于 1 kW,雨、雾、雪等恶劣天气则可达每千米十几千瓦甚至几十千瓦。电晕损耗还受导线表面状况的影响,导线表面粗糙或有毛刺等,都会增大损耗。

估算电晕损耗的常用经验公式主要是皮克公式,即

$$p = \frac{241}{\delta}(f+25)\sqrt{\frac{r}{s}}(U-U_{晕})^2 \times 10^{-5} \qquad (2\text{-}46)$$

其中, p 为电晕损耗,kW/km; δ 为空气相对密度,以空气作为参考密度时,在标准状态(0 ℃和 101.325 kPa)下干燥空气的密度为 1.293 kg/m³(或 1.293 g/L); f 为电源频率,Hz; r 为导线的实际半径,mm; s 为线间距离,m; U 为线对地电压,kV; $U_{晕}$ 为起始电晕电压,kV。

增大输电线路的导线半径,可以提高输电线路的起始电晕电压数值(使之在正常天气条件下不发生电晕放电)从而减少电晕损耗。对 220 kV 及以上线路采用空心导线、扩径导线或分裂导线,增大导线半径,改善导线周围电场分布,从而减少电晕损耗。

通常对于电压在 35 kV 及以下的架空线路不考虑电晕损耗。

实际线路中的电晕损耗和泄漏电流导致的损耗可以统一采用线路参数反映。对于 50 Hz 工频情况下的高电压架空输电线路,正常情况下单位长度线路电导为

$$G_{O} = \frac{\Delta P_{g}}{U^2} \times 10^{-3} \qquad (2\text{-}47)$$

其中, G_{O} 为单位长度线路电导,S/km(西门子/千米); ΔP_{g} 为三相线路单位长度的线路泄漏和电晕损耗的有功功率,kW/km; U 为线路线电压有效值,kV。

通常, ΔP_{g} 可通过实测求得。一般在架空线路中,由绝缘子泄漏电流而产生的有功损耗极小,可忽略不计,而电晕损耗在设计线路时已经采取了措施加以限制,故在电力网线路固定损耗中主要是由导线接头和线夹连接开口销施工工艺不良导致的导体电极曲率半径小所产生的电晕损耗。

2. 可变损耗

线路的可变损耗主要是指输电线路输送功率过程中,消耗在线路电阻上的有功损耗。

1)线路电阻与线缆单位长度电阻

对于三线制线路的每相导线电阻,可采用如下公式计算:

$$R = r_{o}L = \frac{\rho}{S}L \qquad (2\text{-}48)$$

其中，R 为每相导线的电阻，Ω；r_0 为导线单位长度的交流电阻，Ω/km；L 为导线长度，km；ρ 为导线材料的电阻率，$\Omega \cdot mm^2/km$；S 为导线标称截面面积，mm^2。导线单位长度交流电阻 r_0 可由产品说明书或有关手册查得。

在实际计算中，考虑到导线多为绞线，并且环境温度也不会恒定，因此常常取平均气温 20 ℃条件下的导线或电缆的电阻率，根据线路实际负荷情况和实际环境温度加以修正。

常用的线缆导体电阻率和电导率如下。

铜芯：电阻率 $\rho_{20} = 18.52\ \Omega \cdot mm^2/km$，电导率 $\gamma_{20} = 0.054\ km/(\Omega \cdot mm^2)$。

铝芯：电阻率 $\rho_{20} = 31.20\ \Omega \cdot mm^2/km$，电导率 $\gamma_{20} = 0.032\ km/(\Omega \cdot mm^2)$。

由以上数据计算可得常用的导线、绝缘线和电缆在 20 ℃时的单位长度交流电阻值，见表 2-2。

表 2-2　常用线缆单位长度交流电阻(20 ℃)

导线截面面积 (mm²)	钢绞线 TJ(Ω/km)	铝绞线 LJ(Ω/km)	钢芯铝绞线 LGJ(Ω/km)	绝缘导线及电缆 (铝芯)(Ω/km)	绝缘导线及电缆 (铜芯)(Ω/km)
50	0.39	0.64	0.65	0.62	0.37
70	0.28	0.46	0.46	0.44	0.26
95	0.2	0.34	0.33	0.33	0.19
120	0.158	0.27	0.27	0.26	0.15
150	0.123	0.21	0.21	0.21	0.12
185	0.103	0.17	0.17	0.17	0.1
240	0.078	0.132	0.132	0.132	0.08
300	0.062	0.106	0.107	—	—
400	0.047	0.08	0.08	—	—

从表 2-2 可以看出，同型号导线，导线截面面积越大，其电阻值越小；绝缘导线比同截面面积裸导线电阻值略小。

2)导线电阻温度修正计算

导线的电阻值随着温度的升高而增大。根据《绕组线试验方法 第 5 部分：电性能》(GB/T 4074.5—2008)中的电阻修正公式($R_T = R_{20} \times \beta_t$)，已知周围空气温度对电阻的修正系数 β_t 即可求得任意温度的电阻 R_T。常见环境温度(5～35 ℃)的 β_t 值见表 2-3。

表 2-3　空气温度变化时电阻换算系数(β_t)

温度(℃)	β_t 值	温度(℃)	β_t 值
5	0.94	22	1.008
6	0.944	23	1.012
7	0.948	24	1.016

温度(℃)	β_t 值	温度(℃)	β_t 值
8	0.952	25	1.02
9	0.956	26	1.024
10	0.96	27	1.028
11	0.964	28	1.032
12	0.968	29	1.036
13	0.972	30	1.04
14	0.976	31	1.044
15	0.98	32	1.048
16	0.984	33	1.052
17	0.988	34	1.056
18	0.992	35	1.06
19	0.996	36	1.064
21	1.004	37	1.068

在工程实践中,计算导线电阻时除了考虑环境温度影响外,还应考虑负荷电流引起的温升及周围环境温度变化对电阻的影响,可进行如下综合修正:

$$R = R_{20}(\beta_1 + \beta_t)$$
$$\beta_1 = 0.2 \times (\frac{I_{if}}{I_{yx}})^2 \tag{2-49}$$

其中,R 为导线电组,Ω; R_{20} 为每相导线在 20 ℃时的电阻,Ω; β_1 为导线温升对电阻的修正系数; β_t 为周围空气温度对电阻的修正系数; I_{if} 为均方根电流,A; I_{yx} 为当周围空气温度为 20 ℃时,导线达到容许温度时的容许持续电流,A,其值可由有关手册查取。

3)输电线路可变损耗电量理论计算

输电线路可变损耗电量可采用均方根电流法、平均电流法、最大电流法以及电量与形状系数法计算。

(1)均方根电流法是采用某日的均方根电流来计算输电线路电能损耗的方法,它是计算输电线路电能损耗最常用、最基础的方法之一。

$$\Delta A = 3I_{if}^2 RT \times 10^{-3} \tag{2-50}$$

其中,ΔA 为输电线路电能损耗,kW·h; I_{if} 为均方根电流,A; R 为元件的电阻,Ω; T 为运行时间,h,代表日 $T = 24$ h。

(2)平均电流法是利用均方根电流与平均电流的等效关系进行电能损耗计算,用形状系数 k 来修正其准确性。

$$\Delta A = 3K_T I_{av}^2 RT \times 10^{-3} \tag{2-51}$$

其中,K_T 为负载波动损耗系数,$K_T = k^2$; I_{av} 为日负载电流平均值,A。

（3）最大电流法是利用均方根电流与最大电流的等效关系来进行电能损耗计算,用损失因数 F 来修正其准确性。

$$\Delta A = 3I_{\max}^2 RFT \times 10^{-3} \tag{2-52}$$

其中, $I_{\max}$ 为代表日最大负载电流,A; F 为代表日损失因数, $F = I_{\mathrm{if}}^2 / I_{\max}^2$ 。

（4）电量与形状系数法是均方根电流法的另一种计算形式,线路均方根电流可以采用如下公式计算:

$$I_{\mathrm{if}}^2 = k^2 I_{\mathrm{pj}}^2 = k^2 \left(\frac{P_1}{\sqrt{3}U\cos\varphi}\right)^2 = \frac{k^2}{3U^2}\left(\frac{S\cos\varphi}{\cos\varphi}\right)^2 = \frac{k^2}{3U^2}S^2 = \frac{k^2}{3U^2}(P_1^2 + Q_1^2)$$

$$= \frac{k^2}{3U^2}\left(\frac{A_{\mathrm{P}}^2 + A_Q^2}{T^2}\right) \tag{2-53}$$

则线路损耗为

$$\Delta P = 3I_{\mathrm{if}}^2 RT \times 10^{-3} = 3 \times \frac{k^2}{3U^2}\frac{A_{\mathrm{P}}^2 + A_Q^2}{T^2}RT \times 10^{-3}$$

$$= (A_{\mathrm{P}}^2 + A_Q^2)\frac{k^2 R}{U^2 T} \times 10^{-3} \tag{2-54}$$

其中, ΔP 为线路损耗,kW·h; A_{P} 、 A_Q 分别为线路首端有功功率、无功功率,kW·h、kvar·h; k 为线路负载曲线形状系数; R 为线路电阻,Ω; U 为线路首端平均运行电压,kV; T 为线路运行时间,h。

3. 综合损耗计算

输电线路综合损耗主要包括输电线路导线负载损耗、线路电晕损耗和线路绝缘子泄漏损耗三部分。输电线路综合损耗的计算公式为

$$\Delta A_Z = \Delta A_{\mathrm{R}} + \Delta A_{\mathrm{dy}} + \Delta A_{\mathrm{xl}} \tag{2-55}$$

其中, ΔA_Z 为输电线路综合损耗,kW·h; ΔA_{R} 为输电线路负载电能损耗,kW·h; ΔA_{dy} 为输电线路电晕损耗,kW·h; ΔA_{xl} 为输电线路绝缘子泄漏损耗,kW·h。

输电线路综合线损率计算公式为

$$\Delta A_Z\% = (\Delta A_{\mathrm{R}} / A_{\mathrm{l}}) \times 100\% \tag{2-56}$$

其中, $\Delta A_Z\%$ 为输电线路综合线损率,%; A_{l} 为输电线路首端电量(输入电量),kW·h。

4. 输电线路损耗算例

已知某 110 kV 线路长度为 8.6 km,导线规格型号为 LGJ-185,导线允许电流为 515 A,杆塔 38 基,导线水平排列,相邻两导线间距为 1.7 m。某日平均气温为 30 ℃,线路首端有功电量为 599 940 kW·h,无功电量为 165 660 kvar·h,平均电压为 116.4 kV,平均电流为 128.6 A,最小电流为 100 A,最大电流为 161 A,线路末端有功电量为 597 960 kW·h。分析该线路理论综合电量损耗及线损率。

（1）求解线路负载波动损耗系数 K_{T} 。

根据负载率与负载波动损耗系数的关系,由于平均负载率 $\gamma = I_{av}/I_m = 0.80 > 0.5$,最小负载率 $\gamma_{\min} = I_{\min}/I_m = 0.62$;查阅负载波动损耗系数表,可知与最小负载率对应的负载波动损耗系数 K_T 为 1.018。

（2）计算该线路导线电阻。

根据负载波动损耗系数 $K_T = k^2 = (I_{if}/I_{av})^2$,可以计算得到均方根电流 $I_{if}^2 = K_T \times I_{av}^2$;导线温升对电阻的修正系数 $\beta_t = 0.2 \times (I_{if}/I_{yx})^2 = 0.2 \times K_T I_{av}^2/I_{yx}^2 = 0.013$;则该线路电阻可通过表 2-2 和表 2-3 查出,LGJ-185 导线单位长度电阻为 $0.170\,\Omega/\text{km}$;线路总电阻 $R = R_{20}(\beta_1 + \beta_t) = 1.54\,\Omega$ 。

（3）计算该线路可变损耗。

根据平均电流法,由线路电阻形成的日损耗电量

$$\Delta A_R = 3K_T I_{av}^2 RT \times 10^{-3} = 1\,866.74\,\text{kW·h}$$

（4）计算该线路综合电量损耗。

考虑线路存在电晕及绝缘子泄漏损耗,该两项因素合计影响按照电阻损耗的 5% 估算后,该损耗

$$\Delta A_Z = 1.05 \times \Delta A_R = 1\,960\,\text{kW·h}$$

（5）计算该线路综合损耗率。

按照线路综合损耗率计算公式计算该线路综合线损率

$$\Delta A_Z\% = \frac{\Delta A_Z}{A_1} \times 100\% = 0.33\%$$

线路两端有功电量的统计损耗 $\Delta A = A_1 - A_2 = 1\,980\,\text{kW·h}$,与理论计算的综合损耗电量 $1\,960\,\text{kW·h}$ 相比,相差 $20\,\text{kW·h}$,说明该理论计算值非常接近统计线损值,说明考虑线路存在的电晕及绝缘子泄漏损耗等影响,按照电阻损耗的 5% 估算是可行的。

2.3.2　配电线路损耗

配电线路是指从变电站到用户用于分配电力负载的线路,电压等级为 6~35 kV（不包括 35 kV）,配电线路损耗包含配电网中变压器的损耗。

1. 固定损耗

配电线路上固定损耗包括配电变压器空载损耗、变压器计量表计损耗和电缆线路介质损耗。

1）变压器空载损耗

配电线路上固定损耗最主要的组成部分是配电变压器的空载损耗。

$$\Delta A_g = (\sum_{i=1}^{n} \Delta P_i) \times T_{av} \tag{2-57}$$

其中, ΔA_g 为配电线路多台变压器固定损耗电量, kW·h; ΔP_i 为线路上投运的第 i 台变压器的空载损耗,kW; T_{av} 为变压器平均运行时间,h; n 为线路上投运的变压器台数。

2)变压器计量表计损耗

变压器计量表计损耗可以按照表计功率损耗参数进行估算。通常三相表计电压回路每相功率损耗按照 2 W 计算,再加上电流回路的少许可变损耗,每一个表计功率损耗可按照 8 W 计算。

3)电缆线路介质损耗

对于包含电缆线路的配电线路,固定损耗需要考虑电缆的介质损耗。

$$\Delta A = U^2 \omega CLT \tan\delta \times 10^{-3} \qquad (2\text{-}58)$$

其中,ΔA 为电缆线路的介质损耗,kW·h;U 为电缆运行线电压,kV;ω 为角速度($\omega = 2\pi f$,f 为频率);C 为电缆每相的工作电容,μF/km,可以由产品目录查得;$\tan\delta$ 为电缆绝缘介质损失角 δ 的正切值,它的大小与电缆的额定电压和结构等有关,可以由产品目录查得,或按实测值(若按照电压等级进行估算,10 kV 及以下取 0.015,35 kV 取 0.01,110 kV 取 0.007);L 为电缆长度,km。

每相电缆的工作电容可按下式计算:

$$C = \frac{\varepsilon}{18 \ln r_e / r_i} \qquad (2\text{-}59)$$

其中,C 为每相电缆的工作电容,μF/km;ε 为线绝缘介质的介电常数,可由手册查得,典型的介电常数见表 2-4;r_e 为绝缘层外半径,mm;r_i 为线芯的半径,mm。

表 2-4　电缆常用绝缘材料的 ε 和 $\tan\delta$ 值

电缆类型	ε	$\tan\delta$
油浸纸绝缘	—	—
黏性浸渍不滴流绝缘电缆	4	0.01
压力充油电缆	3.5	0.004 5
丁基橡皮绝缘电缆	4	0.05
聚氯乙烯绝缘电缆	8	0.10
聚乙烯电缆	2.3	0.004
交联聚乙烯电缆	3.5	0.008

注:$\tan\delta$ 值为最高允许温度和最高工作电压下的允许值。

2. 可变损耗

配电线路相对复杂,且分支众多。所以,目前在实际工程计算中应用较多的算法是等效电阻法。等效电阻法需要满足一定的计算条件:负载的分布与负载节点装设的变压器额定容量成正比,即各配电变压器的负载率相同;各个节点的功率因数相同;各个节点电压相同,不考虑电压降。

配电线路等效电阻包含配电变压器和线路等所有组成元素。

1)配电线路等效电阻

配电网一般情况下为开式网结构,图 2-3 为典型简单电网配电线路结构。

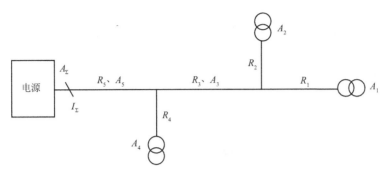

图 2-3　典型简单电网配电线路结构

已知各分支线路电流时,可得

$$\Delta A = 3 \times (I_1^2 R_1 + I_2^2 R_2 + I_3^2 R_3 + \cdots + I_n^2 R_n) T \times 10^{-3} \quad (2\text{-}60)$$

其中,ΔA 为线路理论线损,kW·h;I_1、I_2、$\cdots$、I_n 分别为各分支线路电流,A。

因为各分支线路一般不装设电流表,所以分支线路电流无法得到,但假设线路各处电压相等,则

$$\frac{I_1}{I_\Sigma} = \frac{A_1}{A_\Sigma}, \ \frac{I_2}{I_\Sigma} = \frac{A_2}{A_\Sigma}, \ \frac{I_3}{I_\Sigma} = \frac{A_3}{A_\Sigma}, \ \cdots, \ \frac{I_n}{I_\Sigma} = \frac{A_n}{A_\Sigma} \quad (2\text{-}61)$$

即

$$I_1 = \frac{A_1}{A_\Sigma} I_\Sigma, \ I_2 = \frac{A_2}{A_\Sigma} I_\Sigma, \ I_3 = \frac{A_3}{A_\Sigma} I_\Sigma, \ \cdots, \ I_n = \frac{A_n}{A_\Sigma} I_\Sigma$$

$$A_3 = A_1 + A_2 \quad A_\Sigma = A_5 = A_3 + A_4 = A_1 + A_2 + A_4$$

其中,A_1、$A_2 \cdots$,A_n 分别为各线路电量值,kW·h。则

$$\Delta A = 3 I_\Sigma^2 \left[\left(\frac{A_1}{A_\Sigma}\right)^2 R_1 + \left(\frac{A_2}{A_\Sigma}\right)^2 R_2 + \left(\frac{A_3}{A_\Sigma}\right)^2 R_3 + \cdots + \left(\frac{A_n}{A_\Sigma}\right)^2 R_n \right] T \times 10^{-3} \quad (2\text{-}62)$$

这时,可以设定

$$R_{\text{dzl}} = \left(\frac{A_1}{A_\Sigma}\right)^2 R_1 + \left(\frac{A_2}{A_\Sigma}\right)^2 R_2 + \left(\frac{A_3}{A_\Sigma}\right)^2 R_3 + \cdots + \left(\frac{A_n}{A_\Sigma}\right)^2 R_n \quad (2\text{-}63)$$

其中,R_{dzl} 为线路的等效电阻,Ω。则

$$\Delta A = 3 I_\Sigma^2 R_{\text{dzl}} T \times 10^{-3} \quad (2\text{-}64)$$

图 2-3 所示配电线路结构可以等效为图 2-4 所示的模型。

图 2-4　配电线路等效电阻模型

一般情况下,各节点电量是可以测到的。所以,等效电阻R_{dzl}也就可以算出来。若各点电量无法得到,可以用变压器容量来代替节点实测电量进行估算,即$I_N = \dfrac{S_N}{S_\Sigma}I_\Sigma$,此时配电线路的等效电阻

$$R_{dzl} = \left(\frac{S_{N1}}{S_{N\Sigma}}\right)^2 R_1 + \left(\frac{S_{N2}}{S_{N\Sigma}}\right)^2 R_2 + \left(\frac{S_{N3}}{S_{N\Sigma}}\right)^2 R_3 + \cdots + \left(\frac{S_{Nn}}{S_{N\Sigma}}\right)^2 R_n$$

即

$$R_{dzl} = \frac{\sum_{i=1}^{n} S_{Ni}^2 R_i}{S_{N\Sigma}^2} \tag{2-65}$$

其中,R_{dzl}为线路的等效电阻,Ω;S_{Ni}为第i段线路配电变压器的额定容量,kV·A;R_i为第i段线路的导线电阻,Ω;$S_{N\Sigma}$为该条配电线路总配电变压器的额定容量,kV·A。

运用同样的方法可以得出变压器绕组的等效电阻

$$R_{dzbT} = \frac{U^2 \sum_{i=1}^{n} \Delta A_{ki}}{S_{N\Sigma}^2} \tag{2-66}$$

其中,R_{dzbT}为配电变压器的等效电阻,Ω;ΔA_{ki}为第i台配电变压器的额定短路损耗,kW;U为各配电变压器节点的电压(不考虑电压降时均为线路首端电压),kV;$S_{N\Sigma}$为该条配电线路总配电变压器的额定容量,kV·A。

2)配电线路可变损耗

由式(2-64)可知,要计算线路线损电量,线路电流就必须已知。若已知每日每小时平均电流,可直接计算该配电线路日损耗电量。若无法得到每日每小时平均电流,则可采用负载波动损耗系数K_T,根据平均电流来计算线路损耗。

$$\Delta A_R = 3RK_T I_{pj}^2 T \times 10^{-3} \tag{2-67}$$

如果将$3I_{pj}^2$用有功、无功、电压来表示,即$3I_{pj}^2 = \dfrac{P_{pj}^2 + Q_{pj}^2}{U_{pj}^2}$,则配电线路的可变有功损耗为

$$\Delta A_R = \frac{P_{pj}^2 + Q_{pj}^2}{U_{pj}^2} K_T R_{dzl} T \times 10^{-3} \tag{2-68}$$

其中,ΔA_R为线路电能损耗,kW·h;P_{pj}为线路首端平均有功功率,kW;Q_{pj}为线路首端平均无功功率,kvar;U_{pj}为线路首端平均电压,kV;K_T为负载波动损耗系数,其值是形状系数k的平方;R_{dzl}为线路等效电阻,Ω;T为运行时间,h,代表日为24 h。

式(2-68)中的线路首端的平均功率可用代表日线路首端的日有功电量A_P及日无功电量A_Q表示,即$A_P = P_{pj}T$,$A_Q = Q_{pj}T$。

$$\Delta A_R = \frac{A_P^2 + A_Q^2}{TU_{pj}^2} K_T R_{dzl} \times 10^{-3} \tag{2-69}$$

同样,配电变压器的铜损电量为

$$\Delta A_{RT} = \frac{P_{pj}^2 + Q_{pj}^2}{U_{pj}^2} K_T R_{dzbT} T \times 10^{-3} \tag{2-70}$$

或

$$\Delta A_{RT} = \frac{A_P^2 + A_Q^2}{TU_{pj}^2} K_T R_{dzbT} T \times 10^{-3} \qquad (2\text{-}71)$$

其中，ΔA_{RT} 为变压器铜损电量，kW·h；R_{dzbT} 为变压器等效电阻，Ω。

上述公式中，线路首端的有功、无功、平均电压都很容易得到，K_T 是一个大于或等于 1 的经验值，R_{dzl} 前面已经求出，则已知这几个参数值，就可以较为精确地得到线路的理论线损。

K_T 实际上反映了负载曲线波动的变化特点，如果负载 24 h 保持恒定，则 $K_T = 1$；如果负载有变化，K_T 大于 1，负载变化越大，K_T 就越大，相应的线路损耗也就越大。

3. 配电线路综合损耗

配电线路都装设有功电能表、无功电能表、电压表等表计。所以，实际计算中，配电网线损理论计算用"电量法"最为适宜。

$$\Delta A = \Delta A_{gd} + \Delta A_R \qquad (2\text{-}72)$$

$$\Delta A\% = \frac{\Delta A_{gd} + \Delta A_R}{A_P} \times 100\% \qquad (2\text{-}73)$$

其中，ΔA 为损耗电量，kW·h；$\Delta A\%$ 为线路的综合线损率；A_P 为线路有功供电量，kW·h；ΔA_R 为线路的可变损耗，kW·h；ΔA_{gd} 为线路的固定损耗，kW·h。

为了方便对配电线路损耗进行客观评价，可以计算配电线路最佳理论线损率（或称经济运行线损率）：

$$\Delta A_\eta\% = \frac{2k \times 10^{-3}}{U_N \cos\varphi} \sqrt{R_{d\Sigma} \sum_{i=1}^{m} \Delta P_{0i}} \times 100\% \qquad (2\text{-}74)$$

其中，$\Delta A_\eta\%$ 为配电线路最佳理论线损率；k 为线路负载曲线形状系数；U_N 为线路的额定电压，kV；$\cos\varphi$ 为线路的功率因数；$R_{d\Sigma}$ 为线路的总等值电阻，Ω；m 为线路上投运的配电变压器台数；ΔP_{0i} 为线路上投运的第 i 台变压器的空载损耗，W。

4. 配电线路线损算例

以图 2-5 所示配电线路为例，计算分析该配电线路线损情况。

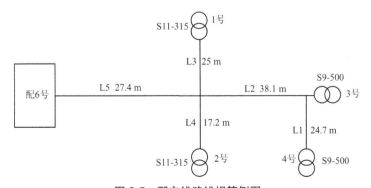

图 2-5 配电线路线损算例图

图中所有线路均为 YJV22-400 型电缆

已知某 10 kV 配电线路全部为地埋电缆敷设方式,线路单线接线及相关数据如图 2-5
所示,线路 400 mm² 铜芯电缆电阻为 0.047 Ω/km, S9-500 变压器空载损耗为 0.96 kW、负载
损耗为 5.1 kW; S11-315 变压器空载损耗为 0.475 kW、负载损耗为 3.65 kW。2011 年代表日
8 月 15 日该线路首端有功电量为 9 600 kW·h、无功电量 为 3 030 kvar·h,平均电压为
10.4 kV,线路最大电流为 70 A、最小电流为 20 A、平均电流为 40 A。

（1）计算该线路等效电阻:

$$R_{dil} = \frac{\sum_{i=1}^{n} S_{Ni}^2 R_i}{S_{N\Sigma}^2} = 0.002\ 1\ \Omega$$

（2）计算变压器等效电阻:

$$R_{dibT} = \frac{U^2 \sum_{i=1}^{n} \Delta A_{ki}}{S_{N\Sigma}^2} = 0.712\ 4\ \Omega$$

（3）计算线路的总等效电阻:

$$R_{di} = R_{dil} + R_{dibT} = 0.714\ 5\ \Omega$$

（4）计算负载波动损耗系数 K_T。

线路代表日负载率:

$$\gamma = \frac{I_{av}}{I_m} \times 100\% = 57\%$$

最小负载率:

$$\gamma_{min} = \frac{I_{min}}{I_m} \times 100\% = 28.6\%$$

查表得到 K_T 为 1.103。

（5）计算线路的固定损耗:

$$\Delta A_g = (\sum_{i=1}^{n} \Delta P_{0i}) \times T_{av} = 68.88\ kW\cdot h$$

计算该线路的可变损耗:

$$\Delta A_{RT} = \frac{A_P^2 + A_Q^2}{T U_{pj}^2} K_T R_{dzbT} T \times 10^{-3} = 30.767\ kW\cdot h$$

（6）计算该线路综合线损率:

$$\Delta A\% = \frac{\Delta A_{gd} + \Delta A_R}{A_P} \times 100\% = 1.05\%$$

2.3.3　低压台区配电损耗

1. 低压台区配电损耗

低压配电网是指台区变压器 0.4 kV 以下低压线路,其线损电量计算与配电网稍有
不同。

$$\Delta A_{\mathrm{R}} = N I_{\mathrm{av}}^2 K_{\mathrm{T}} R_{\mathrm{dz}} T \times 10^{-3} \tag{2-75}$$

其中，ΔA_{R} 为低压台区匹配电损耗，$\mathrm{kW \cdot h}$；N 为配电变压器低压出口电网结构常数，三相三线制取 $N=3$，三相四线制取 $N=3.5$，单相两线制取 $N=2$；I_{av} 为线路首端平均负载电流，A；K_{T} 为线路负载波动系数（取值方法同 10 kV 及以上线路）；R_{dz} 为低压线路等效电阻，Ω；T 为配电变压器向低压线路供电的时间，即计算时段低压线路的运行时间，h。

线路首端的平均负载电流 I_{av} 即变压器低压侧出口电流，对于公用的配电变压器，其低压侧均装设有功电能表和无功电能表，可直接采用电量值进行计算。

$$I_{\mathrm{av}} = \frac{1}{U_{\mathrm{av}} T} \sqrt{\frac{A_{\mathrm{P}}^2 + A_{\mathrm{Q}}^2}{3}} \tag{2-76}$$

其中，U_{av} 为低压线路平均运行电压，可取 $U_{\mathrm{av}} \approx U_{\mathrm{N}} \approx 0.38\,\mathrm{kV}$；$A_{\mathrm{P}}$ 为线路有功供电量，$\mathrm{kW \cdot h}$；A_{Q} 为线路无功供电量，$\mathrm{kvar \cdot h}$。

低压线路等效电阻 R_{dz} 的计算，同 10 kV 线路线损计算一样，计算前将低压线路的计算线段划分出来，此时等效电阻计算公式为

$$R_{\mathrm{dz}} = \frac{\sum\limits_{j=1}^{n} N_j A_{j\Sigma}^2 R_j}{N \left(\sum\limits_{i=1}^{m} A_i \right)^2} \tag{2-77}$$

$$R_j = r_{0j} L_j$$

其中，A_i 为第 i 个 380 V/220 V 用户电能表的实抄电量（共 m 个用户），$\mathrm{kW \cdot h}$；$A_{j\Sigma}$ 为第 j 个计算线段供电的所有低压用户电能表抄见电量之和，$\mathrm{kW \cdot h}$；N_j 为第 j 个计算线段线路结构常数，取值方法与 N 相同；R_j 为第 j 个计算线段导线电阻，Ω；n 为计算线路段数；r_{0j} 为计算线段导线的单位长度电阻，Ω/km；L_j 为计算线段长度，km。

当配电变压器低压侧总电能表的抄见电量为 A_{P} 时，则台区低压配电网的理论线损率为

$$\Delta A_{\mathrm{R}}\% = \frac{\Delta A_{\mathrm{R}}}{A_{\mathrm{P}}} \times 100\% \tag{2-78}$$

若将低压配电网电能表和下户线构成的固定损耗 ΔA_{g} 与低压配电网导线电阻产生的可变损耗综合考虑，得到低压配电网综合损耗。低压配电网综合理论计算线损率公式为

$$\Delta A_{\mathrm{R}}\% = \frac{\Delta A_{\mathrm{g}} + \Delta A_{\mathrm{R}}}{A_{\mathrm{P}}} \times 100\% \tag{2-79}$$

2. 低压台区配电线损耗算例

选择图 2-6 所示台区，计算分析低压台区配电网的损耗情况。

图 2-6 中，电源侧变压器容量为 315 kV·A。低压线路都是 JKLYJS 型铝芯交联聚乙烯绝缘架空集束导线，架空固定敷设。所供负载有三相三线制供热站负载、三相四线制酒店负载、住宅楼各单元单相负载。台区低压线路参数及某日电量数据见表 2-5。

已知当日变压器低压侧总平均电流为 211.9 A，最大电流为 398 A，最小电流为 96.68 A。试计算该台区线损电量及线损率。

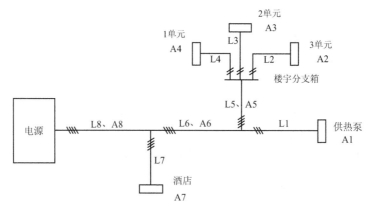

图 2-6　低压台区配电网算例图

表 2-5　台区低压线路参数及某日电量数据

线段	截面面积（mm²）	长度（km）	线路或表计类型	有功电量（kW·h）	备注
L1	70	0.1	三相三线制	1 500	表计 1 块
L2	50	0.07	单相	110	每个单元 12 户
L3	50	0.04	单相	120	每个单元 12 户
L4	50	0.07	单相	130	每个单元 12 户
L5、L6、L8	240	0.05			
L7	120	0.08	三相四线制	1 320	表计 1 块

（1）计算该台区配电线路等值电阻。

等效电阻公式中的分子 $\sum_{j=1}^{n} N_j A_{j\Sigma}^2 R_j = 743\,585.12$，其中

L1 段　$N_1 A_1^2 R_1 = 3 \times 1\,500^2 \times 0.44 \times 0.1 = 297\,000$

L2 段　$N_2 A_2^2 R_2 = 2 \times 110^2 \times 0.62 \times 0.07 = 1\,050.28$

L3 段　$N_3 A_3^2 R_3 = 3 \times 120^2 \times 0.62 \times 0.04 = 714.24$

L4 段　$N_4 A_4^2 R_4 = 3 \times 130^2 \times 0.62 \times 0.07 = 1\,466.92$

L5 段　$N_5 A_5^2 R_5 = 3.5 \times (110+120+130)^2 \times 0.132 \times 0.05 = 2\,993.76$

L6 段　$N_6 A_6^2 R_6 = 3.5 \times (360+1\,500)^2 \times 0.132 \times 0.05 = 79\,916.76$

L7 段　$N_7 A_7^2 R_7 = 3.5 \times (1\,320)^2 \times 0.26 \times 0.08 = 126\,846.72$

L8 段　$N_8 A_8^2 R_8 = 3.5 \times (360+1\,500+1\,320)^2 \times 0.132 \times 0.05 = 233\,596.44$

等效电阻公式中的分母为

$$N(\sum_{j=1}^{n} A_i)^2 = 3.5 \times (1\,500+110+120+130+1\,320)^2 = 35\,393\,400$$

计算台区线路等效电阻：

$$R_{\mathrm{dz}} = \frac{\sum\limits_{j=1}^{n} N_j A_{j\Sigma}^2 R_j}{N(\sum\limits_{j=1}^{n} A_i)^2} = \frac{743\,585.12}{35\,393\,400} = 0.021\,\Omega$$

（2）查表求得当最小负载率为 24% 时，其 K_{T} 为 1.125。

（3）计算低压线路理论线损电量：

$$\Delta A_{\mathrm{R}} = N I_{\mathrm{av}}^2 K_{\mathrm{T}} R_{\mathrm{dz}} T \times 10^{-3} = 3.5 \times 211.9^2 \times 1.125 \times 0.021 \times 24 \times 10^{-3}$$
$$= 89.11\ \mathrm{kW \cdot h}$$

（4）计算台区固定损耗。固定损耗主要是电能表损耗，可以按照单相电能表（2 kW·h/ 月）、三相三线电能表（6 kW·h/ 月）、三相四线电能表（7 kW·h/ 月）估算。

日电能表损耗电量为

$$\Delta A_{\mathrm{g}} = (2 \times 36 + 6 + 7) / 30 = 2.83\ \mathrm{kW \cdot h}$$

（5）计算台区低压配电线路中损耗率：

$$\Delta A_{\mathrm{R}}\% = \frac{\Delta A_{\mathrm{g}} + \Delta A_{\mathrm{R}}}{A_{\mathrm{p}}} \times 100\% = \frac{2.83 + 89.11}{3\,180 + 89.11 + 2.83} \times 100\% = 2.81\%$$

2.4 其他主要原件损耗计算

电网中的损耗元件除线路和变压器外，还包括并联电容器、并联电抗器、电压互感器、站用变压器等。

2.4.1 并联电容器损耗

$$\Delta A_{\mathrm{C}} = Q_{\mathrm{C}} \tan\delta \times T \tag{2-80}$$

其中，ΔA_{C} 为并联电容器损耗，kW·h；Q_{C} 为投运的电容器总容量，kvar；$\tan\delta$ 为电容器介质损失角的正切；T 为电容器运行小时数，h。

2.4.2 并联电抗器损耗

$$\Delta A_{\mathrm{L}} = P_{\mathrm{N}} \times T \tag{2-81}$$

其中，ΔA_{L} 为并联电抗器损耗，kW·h；P_{N} 为电抗器额定损耗，kW；T 为电抗器运行小时数，h。

2.4.3 电压互感器损耗

$$\Delta A_{\mathrm{p}} = n_{\mathrm{p}} P_{\mathrm{L}} \times T \tag{2-82}$$

其中，ΔA_{p} 为电压互感器损耗，kW·h；n_{p} 为电压互感器的个数；P_{L} 为每个电压互感器的损耗，kW；T 为电压互感器运行小时数，h。

2.4.4 站用变压器损耗

站用变压器的电量可直接计入线损，直接采用站用变电表的抄见电量。

2.5　高压直流系统线损计算

高压直流（High Voltage Direct Current，HVDC）输电的损耗与交流电网的损耗存在很大差异。计算高压直流系统的损耗可以从直流线路、接地极系统和换流站三个部分进行。其中，直流线路损耗取决于输电线路的长度及线路导线截面面积的大小，对于远距离输电线路，其功率损耗通常占额定输送容量的 5%～7%，其是直流输电系统损耗的主要部分；接地极系统损耗与 HVDC 系统的运行方式有关，双极运行时其值很小，单极大地回线方式运行时较大；换流站由换流变压器、换流阀、交流滤波器、平波电抗器、直流滤波器、并联电抗器、并联电容器和站用变压器组成，如图 2-7 所示。换流站的设备类型繁多，它们的损耗机制又各不相同，因此准确计算换流站损耗比较复杂，通常换流站的功率损耗为换流站额定功率的 0.5%～1%。

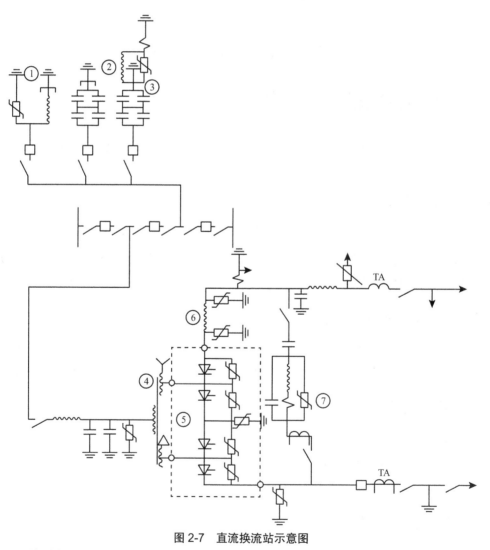

图 2-7　直流换流站示意图

1—并联电抗器；2—并联电容器；3—交流滤波器；4—换流变压器；5—晶闸管阀；6—平波电抗器；7—直流滤波器

2.5.1　直流线路损耗计算

以图 2-8 两端直流输电系统为例,采用交直流混合输电系统潮流算法计算直流线路的电能损耗。

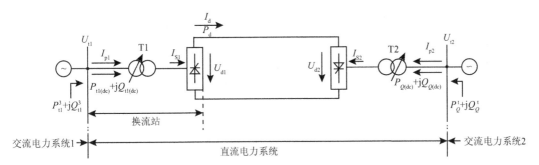

图 2-8　两端直流输电系统

通过潮流计算,可以求出交流和直流输电系统在计算时段中每个小时的各种电气量:换流站交流侧母线电压 U_{t1}、U_{t2},流进换流站的电流 I_{p1}、I_{p2},流入换流变压器的功率 $P_{t1(dc)} + jQ_{t1(dc)}$、$P_{Q(dc)} + jQ_{Q(dc)}$,直流输电线路两端电压 U_{d1}、U_{d2},直流输送功率和电流 P_d、I_d。

因此,直流线路的电能损耗为

$$\Delta A_L = \sum_{t=1}^{T} I_{d(t)}^2 R \tag{2-83}$$

其中,ΔA_L 为直流线路的电能损耗,MW·h;$I_{d(t)}$ 为每小时流过直流线路的电流,kA;R 为直流线路的电阻,Ω;T 为线路运行时间,h。

2.5.2　接地极系统损耗计算

HVDC 系统一般通过接地极系统形成回路,由于接地极系统中接地极线路电阻和接地电阻存在,因此不可避免地产生一定损耗。接地电阻一般在 $0.05 \sim 0.5\ \Omega$。为了计算方便,更易于在工程上实用化,一般不进一步计算接地电阻的大小,而是取其实测值或在 $0.05 \sim 0.5\ \Omega$ 选用一合适值进行计算。虽然谐波电流对接地极系统损耗有一定的影响,但由于流经接地极系统的电流较小,谐波损耗占接地极系统损耗比例更小,因此可以忽略谐波损耗,采用与直流输电线路损耗相同的计算方法来计算接地极系统损耗,其计算公式为

$$\Delta A_D = \sum_{t=1}^{T} I_{g(t)}^2 \left(R_d + R_D \right) \tag{2-84}$$

其中,ΔA_D 为接地极系统损耗,MW·h;$I_{g(t)}$ 为每小时流过接地极系统的电流,kA;R_d 为接地极线路的电阻,Ω;R_D 为接地电阻,Ω;T 为接地极线路运行时间,h。R_d 同样要考虑导线温升和环境温度的影响。

当 HVDC 系统工作在双极方式时,$I_{g(t)}$ 等于流过直流线路的电流 $I_{d(t)}$ 的 $1\% \sim 3\%$;当

HVDC 系统工作在单极大地回线方式时，$I_{g(t)}$ 等于流过直流线路的电流 $I_{d(t)}$。

2.5.3 换流站损耗计算

由于换流站产生谐波，因此换流站的电能损耗计算要考虑谐波的影响，致使整流站和逆变站的损耗计算比较复杂。依据《线损理论计算技术标准》（Q/CSG 11301—2008）中的建议可按具体情况根据经验值估算或根据《高压直流（HVDC）换流站功率损耗的确定》（IEC 61803:2020）对整流站和逆变站的损耗实施精确计算。

1. 根据经验值估算

根据厂家提供的资料统计，换流站的功率损耗为换流站额定功率的 0.5%～1%，或可根据运行经验调整这个功率损耗值。因此，换流站的电能损耗等于这个功率损耗估算值与运行时间之积。

2. 根据 IEC 61803:2020 标准计算

在 IEC 61803：2020 中，已对 HVDC 系统换流站中各元件，如换流变压器、晶闸管阀、交流滤波器、并联电容器、并联电抗器、平波电抗器等的功率损耗计算建立了详细的数学模型。IEC 61803：2020 以一个由 6 个换流阀组成的三相 6 脉波换流站为例，主要参考其中提出的模型，并根据实际情况做相应的修正，得到能量损耗的计算公式。换流站损耗主要来源于换流变压器和换流阀的损耗，两者几乎占到换流站损耗的 80% 左右。典型直流换流站各元件功率损耗的分布情况见表 2-6。

表 2-6　典型直流换流站各元件功率损耗的分布情况

元件		所占比例（%）
换流变压器	空载损耗	12～14
	负载损耗	27～39
换流阀		32～35
平波电抗器		4～6
交流滤波器		7～11
其他元件		4～9

在实际计算中，假定计算时段内每小时流过各元件的电流不变，采用正点电流值来计算谐波电流及谐波损耗，计算时段内各小时损耗累加即为元件在计算时段内的电能损耗。

1）换流变压器损耗计算

在额定频率状态下，换流变压器电能损耗计算方法与普通电力变压器一样。但由于换流站产生高次谐波，因此要考虑谐波对换流变压器绕组损耗的影响，其计算方法如下。

（1）空载损耗。空载损耗 ΔA_0（单位为 MW·h）的计算与普通电力变压器相同。

（2）负载损耗。考虑谐波损耗影响，其计算公式为

$$\Delta A_{\mathrm{T}} = \sum_{t=1}^{T} \sum_{n=1}^{49} I_{tn}^2 R_n \qquad (2\text{-}85)$$

其中, ΔA_{T} 为负载损耗,MW·h;T 为换流变压器运行时间,h;n 为谐波次数, $n = 6k \pm 1$, $k = 1,2,3,\cdots$;I_{tn} 为各正点电流第 n 次谐波的电流有效值,kA;R_n 为第 n 次谐波的有效电阻, Ω 。

R_n 可通过实测方法得到,或根据下面公式得到:

$$R_n = k_n R_1 \qquad (2\text{-}86)$$

其中, k_n 为电阻系数,其值见表 2-7;R_1 为工频下换流变压器的有效电阻, Ω ,可由下式求得:

$$R_1 = \frac{P_{\mathrm{L}}}{I^2} \qquad (2\text{-}87)$$

其中, P_{L} 为在电流 I (单位为 kA)下测量的单相负荷损耗,MW。

表 2-7　各次谐波电阻系数 k_n

谐波次数	电阻系数 k_n	谐波次数	电阻系数 k_n
1	1.00	25	52.90
3	2.29	29	69.00
5	4.24	31	77.10
7	5.65	35	92.40
11	13.00	37	101.00
13	16.50	41	121.00
17	26.60	43	133.00
19	33.80	47	159.00
23	46.40	49	174.00

因此,换流变压器的总损耗为(T 在这里指变压器)

$$\Delta A = \Delta A_0 + \Delta A_{\mathrm{T}} \qquad (2\text{-}88)$$

2)换流阀损耗计算

换流阀的损耗由阀导通损耗、阻尼回路损耗和其他损耗(如电抗器损耗、直流均压回路损耗等)组成。其中,阀导通损耗和阻尼回路损耗占全部损耗的 85% ~ 95%。由于其他损耗占的比例很小,在实际计算中,一般只考虑阀导通损耗和阻尼回路损耗。

(1)阀导通损耗功率。阀导通损耗功率为阀导通电流与相应的理想通态电压的乘积,即

$$P_{\mathrm{T1}} = \frac{N_i I_{\mathrm{d}}}{3} \left[U_0 + R_0 I_{\mathrm{d}} \left(\frac{2\pi - \mu}{2\pi} \right) \right] \qquad (2\text{-}89)$$

其中, P_{T1} 为阀导通损耗功率,MW·h;N_i 为每个阀晶闸管的数目;I_{d} 为通过换流桥直流电流有效值,kA;U_0 为晶闸管的门槛电压,kV;R_0 为晶闸管通态电阻的平均值, Ω ;μ 为换流器的换相角,rad。

(2)阻尼损耗功率(电容充放电损耗)。阻尼损耗是阀电容存储的能量随阀阻断电压的

级变而产生的，其计算公式为

$$P_{T2} = \frac{U_{v0}^2 f C_{HF} \left(7 + 6m^2\right)}{4} \left[\sin^2\alpha + \sin^2\left(\alpha + \mu\right)\right] \tag{2-90}$$

其中，P_{T2} 为阻尼损耗功率；f 为交流系统频率，Hz；C_{HF} 为阀阻尼电容有效值加上阀两端间的全部有效杂散电容，F；U_{v0} 为变压器阀侧空载线电压有效值，kV；m 为电磁耦合系数；α 为换流阀的触发角，rad；μ 为换流阀的换相角，rad。

因此，换流阀在运行时间 T 内的电能损耗为

$$\Delta A = \sum_{t=1}^{T} \left(P_{t1} + P_{t2}\right) \tag{2-91}$$

3）交流滤波器损耗计算

交流滤波器由滤波电容器、滤波电抗器和滤波电阻器组成。交流滤波器的损耗是组成它的设备损耗之和。在求滤波器损耗时，一般假定交流系统开路，所有谐波电流都流入滤波器的情况，具体计算方法如下。

（1）滤波电容器损耗。滤波电容器损耗计算原理和并联电容器基本相同，由于电容器的功率因数很低，谐波电流引起的损耗很小，可忽略不计。因此，用工频损耗来计算滤波电容器的损耗，即

$$\Delta A_C = P_{F1} \times S \times T \tag{2-92}$$

其中，ΔA_C 为滤波电容器损耗，MW·h；P_{F1} 为电容器的平均损耗功率，MW/Mvar；S 为工频下电容器的三相额定容量，Mvar；T 为交流滤波器的运行时间，h。

（2）滤波电抗器损耗。一般情况下，滤波电抗器损耗应考虑工频电流损耗和谐波电流损耗的影响，可采用下式计算：

$$\Delta A_L = \sum_{t=1}^{T} \sum_{n=1}^{49} \frac{\left(I_{tn}\right)^2 X_{Ln}}{Q_n} \tag{2-93}$$

其中，ΔA_L 为滤波电抗器损耗，MW·h；T 为交流滤波器的运行时间，h；n 为谐波次数，$n = 6k + 1$，$k = 0, 1, 2, 3, \cdots$；I_{tn} 为流经电抗器各正点电流第 n 谐波的电流有效值，kA；X_{Ln} 为电抗器的 n 次谐波电抗，$X_{Ln} = n X_{L1}$，Ω；Q_n 为电抗器在第 n 次谐波下的平均品质因数。

（3）滤波电阻器损耗。计算滤波电阻器的损耗时，应同时考虑工频电流和谐波电流，其计算公式为

$$\Delta A_R = I_R^2 R T \tag{2-94}$$

其中，ΔA_R 为滤波电阻器损耗，MW·h；I_R 为通过滤波电阻器电流的有效值，kA；R 为滤波电阻值，Ω；T 为交流滤波器的运行时间，h。

因此，交流滤波器的电能损耗为

$$\Delta A = \left(\Delta A_C + \Delta A_L + \Delta A_R\right) \tag{2-95}$$

4）平波电抗器损耗计算

流经平波电抗器的电流是叠加有谐波分量的直流电流，故平波电抗器电能损耗包括直流损耗和谐波损耗，如采用带铁芯的油渗式电抗器时还有磁滞损耗，不过磁滞损耗只占极少

一部分,在实际计算中,可忽略磁滞损耗。平波电抗器损耗的具体计算公式为

$$\Delta A = \sum_{t=1}^{T} \sum_{n=0}^{49} I_{tn}^2 R_n \tag{2-96}$$

其中,ΔA 为平波电抗器损耗,MW·h;T 为平波电抗器的运行时间,h;n 为谐波次数,$n=6k$, $k=1,2,3,\cdots$;I_{tn} 为各正点电流第 n 次谐波电流有效值,kA;R_n 为 n 次谐波电阻,Ω。

5)直流滤波器损耗计算

直流滤波器的损耗和交流滤波器一样,包括滤波电容器损耗、滤波电抗器损耗和滤波电阻器损耗三部分。除滤波电容器损耗外,滤波电抗器损耗和滤波电阻器损耗的计算方法与交流滤波器相关计算方法相同。

直流滤波电容器损耗包括直流均压电阻损耗和谐波损耗,谐波损耗一般忽略不计,只计算电阻损耗,具体计算公式为

$$\Delta A_{dc} = \frac{(U_R)^2}{R_C} T \tag{2-97}$$

其中,ΔA_{dc} 为直流滤波器损耗,MW·h;U_R 为电容器组的额定电压,kV;R_C 为电容器组的总电阻,Ω;T 为直流滤波器的运行时间,h。

滤波电抗器损耗和滤波电阻器损耗计算方法见 3),故直流滤波器的电能损耗为

$$\Delta A = (\Delta A_{dc} + \Delta A_L + \Delta A_R) \tag{2-98}$$

6)并联电容器损耗计算

由于电容器的功率因数很低,谐波损耗对并联电容器总损耗影响很小,通常忽略不计,因此只按工频损耗来计算其损耗。

$$\Delta A_{pc} = P_{pc} \times S \times T \tag{2-99}$$

其中,ΔA_{pc} 为并联电容器损耗;P_{pc} 为并联电容器的损耗,MW/Mvar;S 为并联电容器额定容量,Mvar;T 为并联电容器的运行时间,h。

7)并联电抗器损耗计算

并联电抗器的主要作用是在换流站轻载时吸收交流滤波器发出的过剩容性无功,故其损耗计算可根据出厂试验值按标准环境条件进行计算。

8)站用变压器消耗电能计算

如果装有电能表,则为抄见电量;否则,按 50% 的站用变压器容量与计算时段之积计算。

第3章　电网技术降损措施

本章从电网规划、无功优化、经济运行和技术改造4个角度概括性地介绍技术降损措施,具体的针对性措施将在第4章介绍。

3.1　电网降损规划

电网降损规划是指在电网规划设计的过程中,将电网经济运行和降低电网线损作为规划目标之一,从源头上降低网损。电网降损规划包括电网规划和电网技术降损规划。

3.1.1　电网规划

电网规划工作是电网建设工作中的关键环节,应坚持以下原则。

(1)安全第一。注重研究解决电网的薄弱环节和结构性问题,防止发生电网瓦解、稳定破坏等大面积停电事故。

(2)改善电源结构,优化电源布局。

(3)适度超前发展,以满足电力市场需求为目标,优化项目建设时序,适应经济社会又好又快发展并适度超前。

(4)协调发展,统筹电网与电源、输电网与配电网、有功规划与无功规划。

(5)推进智能电网建设,不断提高电网的信息化、自动化、互动化水平。

(6)注重电网投资效益,在满足电网安全稳定和供电需求的前提下,提高电网投资效益。

(7)重视环境及社会影响,积极推行"两型一化"(资源节约型、环境友好型、工业化)、"两型三新"(资源节约型、环境友好型、新技术、新材料、新工艺)工程建设,满足建设资源节约型和环境友好型社会的要求。

电网降损规划应在建设网架坚强、电网协调发展、结构优化、电力供应充足的前提下,合理采取各种切实可行且有效的节能降损措施,尽可能减小线损、降低损耗。在规划实施过程中,应当遵照国家颁布的有关规定,完善电网网络结构,简化电压等级,缩短供电半径,减少回供电,合理选择导线截面、变压器规格和容量,制定防窃电措施,淘汰高损耗变压器,降低技术线损,不断提高电网的经济运行水平。

电网降损规划要密切跟踪电力供需走势、负荷结构变化以及新技术、新产品应用对线损率指标的影响,及时进行技术线损评估,提出有针对性的技术降损建议和项目需求。

1.加强负荷预测

负荷预测是电网规划的基础,也是电网降损规划的重要依据。负荷预测准确与否直接关系到电网降损规划的质量,甚至成败。

在电网规划中,对负荷空间分布的预测至关重要,只有在确定负荷空间分布的基础上,才能准确地进行电源点选择、变电站布点和线路走廊规划,最大限度地缩减电源点到负荷中心的平均距离,选取最佳的运行方式,进而降低线损。

2. 加强输电网降损规划

合理的输电网结构是电力系统安全、稳定、经济运行的重要基础。电网结构对线损具有重要影响,在电网的规划建设与改造过程中,要充分考虑对线损的影响。电网结构不合理将导致线损增加、电压合格率降低、运行方式不灵活、供电安全可靠性差以及建设费用增加等一系列不良后果。电网结构的不合理,有的是由于原来的规划设计不合理,有的则是由于用电负荷的不断发展变化。因此,在进行输电网络规划时,都应重新审视现有的电网结构,进行持续不断的电网结构优化。

在输电网降损规划中,应从全局出发,统筹考虑,从优化电压等级组合、合理规划各级变电站的供电范围、优化各级变压器的容量配比和优化输电网络布局等角度出发。

3. 加强配电网降损规划

配电网,尤其是城市配电网,其建设规划水平的合理性是决定其线损高低的重要因素。

配电网降损规划主要是在分析和研究未来负荷增长情况以及城市配电网现状的基础上,在满足未来用户容量和供电质量的前提下,选择最优的配电网结构、变压器类型、配电线路走线方式和适宜的导线截面面积,将降低线损和提升运行经济性作为关键指标之一,选择最优规划改造方案。

配电网规模庞大、结构复杂,很多影响难以定量化和确定化。所以,配电网降损规划通常是确定一些电网结构参数,对比这些参数的实际值与优化值,宏观地找出电网结构存在的问题;在规划设计中有针对性地采取技术措施调整电网结构,使各结构参数尽可能接近优化值。

优化配电网结构的主要目标参数:110 kV 主变压器与 35 kV 配电变压器的配置比例;35 kV 配电变压器与 10 kV 配电变压器容量的配置比例;35 kV 与 10 kV 线路长度的配置比例;35 kV 线路长度与 35 kV 配电变压器容量的配置比例;10 kV 与 0.4 kV 线路长度的配置比例;10 kV 线路长度与 10 kV 配电变压器容量的配置比例;10 kV 配电变压器容量与低压用电设备容量的配置比例等。

4. 重视电网规划降损分析

根据电网公司技术降损工作指导意见,在电网近期规划中,必须包含电网节能降损潜力分析的内容,并经过测算给出现状电网及各规划水平年的线损情况,为电网降损规划提供依据。

3.1.2 电网技术降损规划

电网技术降损规划是指电网企业对技术降损工作做出的工作规划,属于电网规划的重要组成部分,通常包括长期规划和近期规划两部分。

1. 原则及基本要求

电网技术降损规划工作应坚持长远目标和近期需求相结合的原则,统一标准,统一规划,突出重点,循序渐进,优化资源配置;坚持科技创新的原则,积极研究开发和推广应用先进适用的节能新技术、新设备,提高电网经济运行的科技水平;电网规划应坚持建设资源节约型和环境友好型电网的原则,实现降低投资成本和提高经济运行能力的综合目标。

电网技术降损规划在电网规划设计阶段,应该综合考虑投资及运行成本,优化选择规划方案,从源头上保障电网降损节能目标的实现,电网规划应单独设立降损节能分析篇章,经过计算给出现状电网及各规划水平年的线损情况。在技术降损项目实施阶段,应先进行降损效益计算,在技术经济比较的基础上开展项目可研、立项、验收、后评估等工作,特别是应加强项目投资回收期等主要经济评价指标的审查。电网降损规划应积极推广应用先进适用的新技术、新设备,通过推进特高压交直流输电及大区电网联网建设,优化电压序列,合理利用单相供电等措施,提高规划电网经济运行的科技含量。电网技术降损规划应着手于合理调整电网布局,优化变电站位置,简化电压等级,缩短供电半径,减少迂回供电,合理选择导线截面以及变压器规格、容量,完善防窃电措施。

电网技术降损规划过程中,应重视电网容载比的合理性。合理的容载比与恰当的网架结构相结合,对于发生故障时负荷的有序转移、保障供电可靠性以及适应负荷的增长需求都是至关重要的。各级电网容载比的选择应满足负荷发展需求,并兼顾变压器的利用效率,220~330 kV 电网容载比根据用电负荷增长情况可取 1.6~2.1,35~110 kV 电网容载比根据用电负荷增长情况可取 1.8~2.2。同一供电区域容载比应按电压等级分层计算,但对于区域较大、区域内负荷发展水平极度不平衡的地区,也可分区分电压等级计算容载比。计算各电压等级容载比时,该电压等级发电厂的升压变压器容量及直供负荷容量不应计入,该电压等级用户专用变电站的变压器容量和负荷也应扣除;另外,部分区域之间仅进行故障时功率交换的联络变压器容量,如有必要也应扣除。

2. 线路及变压器选型原则

开展电网技术降损规划时,各类电力设备设计选型时应结合电能损耗情况,经技术经济比较,合理选择设备型号及规格,同等条件下应优先选择低损耗节能产品。对于输电线路,导线型号及截面面积应根据系统要求的输送容量,结合工程特点,按照年费用支出最小原则选择。各电压等级电网主干线的导线截面面积及型号,在同一地区不宜太多,每个电压等级可选用 3~4 种规格,宜参考饱和负荷值一次选定导线截面面积。大截面面积导线兼具节约线路走廊和降低电能损耗的优点,全铝合金导线具有比同截面面积钢芯铝导线电能损耗低、质量轻等优点,有条件的地区可结合远景规划推广采用。耐热导线通过提高线路载流量提高输送功率,在老线路增容改造工程中可利用原有杆塔,以节约工程投资。但耐热导线温度提高后会引起弛度加大和线路损耗增加,从而增加运行成本,因此在采用耐热导线输电技术时要权衡利弊,合理运用。对于变压器,应根据当地电网实际情况,推广应用低损耗节能型变压器。高电压等级变压器阻抗值的选取应根据系统短路电流、变压器损耗等因素综合考虑而定;分接头挡位配置、电压变比、调压方式应根据当地无功电压需求及该地区各电压等级电网调压方式确定。为充分发挥无功补偿装置的作用,对于 110 ~ 220 kV 三绕组降压变压器三侧额定电压,一般情况下,高、中、低压侧宜选额定电压的 1、1.05、1.05 倍,当供电距离长、供电负荷重时,高、中、低压侧可选额定电压的 1、1.05、1.1 倍,当低压侧不带负荷或仅带有站用变压器等轻载负荷时,高、中、低压侧可选额定电压的 1、1.05、1 倍。

3. 无功补偿配置原则

电网的无功潮流是导致电网网损的重要因素,所以进行电网技术降损规划,必须加强无功负荷预测,滚动开展电网降损规划和无功专项规划。

无功补偿配置应按照电源补偿、电网补偿、用户补偿相结合,分散就地补偿与变电站集中补偿相结合的原则,实现分层和分区的无功平衡。无功补偿配置方式应根据电网规划方案,进行大、小运行方式下无功平衡计算,以确定无功补偿设备的类型、容量及安装地点。对于 220 kV 及以上电压等级接入电网的发电厂,若上网线路较长,为就地平衡线路充电功率,可考虑在发电厂侧安装一定容量的并联电抗器。各级电网应避免通过输电线路远距离输送无功电力。330 kV 及以上电压等级输电线路的充电功率应按照就地补偿的原则采用高、低压并联电抗器予以补偿。各电压等级变电站应结合电网规划和电源建设,通过无功优化计算配置适当规模、类型的无功补偿装置,并应避免大量的无功电力穿越变压器。其中 35 ~ 220 kV 变电站,在主变压器最大负荷时,其高压侧功率因数不应低于 0.95。各电压等级变电站无功补偿装置的分组容量选择,应根据计算确定,最大单组无功补偿装置投切引起所在母线电压变化不宜超过电压额定值的 2.5%。当在主变压器的同一电压等级侧配置两组容性无功补偿装置时,其容量宜按无功容量的 1/3 和 2/3 进行配置。以满足变电站投运初期负荷较轻、最终负荷较大(或系统方式不同时,变电站负荷大小不同)等不同阶段负荷无功补偿的需要,确保投运方式灵活,提高无功设备利用率。对于大量采用 10 ~ 220 kV 电缆线路的电网,在新建 110 kV 及以上电压等级的变电站时,应根据电缆进、出线情况在相关变电站分散配置适当容量的感性无功补偿装置。配电网的无功补偿以配电变压器低压侧集中补偿为主、高压补偿为辅。配电变压器配置的电容器容量宜综合考虑配电变压器容量、负载率现状及规划值、负荷性质和补偿后目标电压、功率因数等条件,并经优化计算确定。

4. 推广节能型变电站

变电站的必要站用电通常计入电网综合线损,是电网线损不可忽略的组成部分。所以,各级电网经营企业应大力推进变(配)电站节能建设,通过采用自然采光、环保节能型照明等减少生产和辅助用房的人工照明;通过对建筑物外墙保温及良好自然通风等的设计,缩短空调和风机的使用时间,从而降低站用电损耗。

5. 技术改造原则

对于技术改造项目的规划是电网技术降损规划工作中的重要环节,电网降损节能技术改造主要是解决无法通过经济运行工作来降低损耗的高损设备改造。

降损节能技术改造应结合电网规划综合考虑。对于电网发展中存在的暂时性问题和未来几年通过电网建设可解决的问题等可结合电网规划逐步解决。对于在今后若干年内会持续存在的高损区域及高损元件,则应加快进行降损技术改造。电网降损技术改造应将负荷实测及线损理论计算分析报告作为重要依据。电网降损技术改造的重点对象是局部高损区域及高损元件。各级电网经营企业应有计划地逐步将高能耗的变压器更换或改造为低能耗的变压器。凡新购置的变压器必须符合国家有关的节能标准,否则各物资部门不得购买,供电部门不准装用,使用部门不得投入运行。各级电网经营企业应充分掌握电网运行现状,根据输电网及配电网、城市电网及农村电网的不同特点,通过优化网络结构、简化电压等级、缩短供电半径、变电站以及配电变压器合理布点、设备技术改造等手段,制定满足电力需求及电网安全经济运行的电网降损技术改造规划方案。电网降损技术改造项目必须进行项目投资和降损效益的量化分析评估,满足项目全寿命周期内降损效益值大于项目投资及运行维护费用之和,并优先安排投资回收期短、效益显著的降损技术改造项目。

随着社会经济发展对配电网的要求,原有配电网可能无法适应区域电力需求,存在满负荷运行甚至超负荷运行,线损率居高不下等问题,由于建设空间的限制,扩建或新建配电线路基本没有可能,此时需要采取升压改造的方式解决配电能力和高线损率的问题。升压改造的对象一般为 10～110 kV 电压等级线路。对于高压配电电压,小城市及农村宜只选择一个高压配电电压等级,大中型及特大型城市可视电网发展状况选择 2～3 个高压配电电压等级。现有电网中存在的非标准电压等级,应采取限制发展、合理利用、逐步改造的原则。

对于各电压等级线路细截面导线改造,应重点考虑线路线损率较高并且供电量较大的线路,项目投资回收期原则上应小于 10 年。细截面导线改造对象一般为 10～220 kV 电压等级线路。可按线损率高低排序,从中选取若干线损率较高且供电量也较大的线路作为降损改造重点项目,通过技术经济比较,最终确定需进行降损技术改造的线路。

电网无功补偿设备老化或容量不适宜时,会在很大程度上增大线损,需要及时开展技术改造。各级变电站无功补偿装置因未分组或单组容量过大而影响设备使用效率的,应进行无功补偿装置分组改造。分组容量选择应根据变电站无功负荷需求计算确定。若分两组,则两组无功补偿装置容量宜按无功容量的 1/3 和 2/3 进行配置,详细要求可参照《国家电网公司电力系统无功补偿配置技术原则》相关条款。为提高补偿效果,应逐步推广区域优化及全网电压无功综合优化技术。区域或全网电压无功优化控制是提高电网电压合格率、降低电网损耗的重要技术手段,应在各类硬件设备具备条件(如通信通道等)的基础上逐步推广实施。部分地区目前尚不具备条件,仍采用手动控制方式,可制定统筹规划,分步建设改造。

6. 技术降损实施计划

各级电网经营企业每年应制订降低线损的技术措施计划,分别纳入基建、大修、技改等工程项目安排实施。

3.2　电网无功优化降损

电网中的无功负荷无处不在,一方面,电网的输、变、配电设备本身是系统中主要的无功功率消耗者,其中变压器消耗的无功功率最大;另一方面,感应电机、冶金设备等大工业用户的设备也是无功功率的消耗大户。供、用电设备所消耗的无功功率的合计值,为系统有功负荷的 100%～120%。无功潮流的流动,在电网等效电阻上产生的损耗巨大。所以,通过电网无功优化降损的本质是减少无功电网中的无功潮流。当电网中某一点增加无功补偿容量后,从该点至电源点所有串接的线路及变压器中的无功潮流都将减少,从而使该点以前串接元件中的电能损耗减少,达到降损节电和改善电能质量的目的。

3.2.1　无功补偿配置

无功补偿的具体实现方式是把具有容性功率负荷的装置与具有感性功率负荷的装置并联接在同一电路中,能量在两种负荷之间相互交换。这样,感性负荷所需要的无功功率可由容性负荷输出的无功功率补偿。

无功功率在电网中的传输与有功功率一样,也会产生电能损耗 ΔP。

$$\Delta P = \frac{P^2 + Q^2}{U^2} R \times 10^{-3} \tag{3-1}$$

通常采用功率因数来描述电网中传输无功功率的情况,功率因数指有功功率与视在功率的比值,通常用 $\cos\varphi$ 表示。当功率因数等于 0.7 时,电网中的电能损耗有一半是由无功功率引起的。由于电网中有很多感性负荷,所以增加无功功率补偿容量,减少无功功率在电网中的传输,对于降低电网损耗有着重要作用。

通常情况下,配置无功补偿能力可以依据以下三种方式:①需要集中补偿的,可按无功经济当量来选择补偿点和补偿容量;②对于用户来说,可按提高功率因数的原则进行无功补偿,以减少无功功率注入;③对于区域电网来说,可根据增加无功补偿的总容量采用等网损微增率进行无功补偿。

1. 根据无功经济当量配置无功补偿

1)无功经济当量

无功经济当量是指增加每千乏无功功率所减少有功功率损耗的平均值,用 C_P 表示。

$$C_P = \frac{\Delta P_1 - \Delta P_2}{Q_C} = \frac{2Q - Q_C}{U^2} R \times 10^{-3} \tag{3-2}$$

其中,ΔP_1 为没有增加无功补偿容量的有功损耗, kW;ΔP_2 为增加无功补偿容量的有功损耗 kW;Q_C 为无功补偿容量,kvar;Q 为补偿前的无功功率,kvar。

2）无功补偿设备的经济当量

无功补偿设备的经济当量是该点以前潮流流经的各串接元件的无功经济当量的总和。

$$C_P(X) = \sum_{i=1}^{m} C_{P(i)} \tag{3-3}$$

其中，$C_P(X)$ 为补偿设备装设点（X 点）的无功经济当量；$C_{P(i)}$ 为 X 点以前各串接元件的无功经济当量。

为简化计算，串接元件只考虑到上一级电压的母线，$C_{P(i)}$ 计算式为

$$C_{P(i)} = \frac{2Q_{(i)} - Q_C}{U_{(i)}^2} R_{(i)} \times 10^{-3} \tag{3-4}$$

其中，$Q_{(i)}$ 为第 i 个串接元件补偿前的无功潮流，kvar；$R_{(i)}$ 为第 i 个串接元件的电阻，Ω；$U_{(i)}$ 为第 i 个串接元件的运行电压，kV。

3）增加无功补偿后的降损节电量

增加无功补偿后的降损节电量计算式为

$$\Delta(\Delta A) = Q_C \left[C_P(X) - \tan\delta \right] t \tag{3-5}$$

其中，$\Delta(\Delta A)$ 为增加无功补偿后的降损节电量；$\tan\delta$ 为电容器的介质损耗；t 为无功补偿装置的投运时间，h。

各种供电方式的无功经济当量见表 3-1。

表 3-1　各种供电方式的无功经济当量　　　　　　　　　　单位：kW/kvar

功率因数	供电方式		
	发电厂直供方式	经过一次降压供电方式	经过 2～3 次降压供电方式
0.75	0.086	0.13	0.18
0.80	0.076	0.12	0.17
0.90	0.062	0.09	0.16

一般情况下，根据无功经济当量的概念可得出以下结论：

（1）电网电阻越大，需要配置的无功补偿容量越大；

（2）无功负荷越大，需要配置的无功补偿容量越大；

（3）C_P 越大，补偿的容量越大，补偿节电效果越好；

（4）C_P 越小，补偿节电效果越差。

2. 根据功率因数配置无功补偿

电网中的无功潮流大约有 50% 来自输、变、配电设备，50% 来自电力用户。为了减少无功功率消耗，就必须减少无功功率在电网里的流动，最好的办法是从用户侧开始增加无功补偿，提高用电负荷的功率因数，这样就可以减少发电机无功出力和输、变、配电设备中的无功电力消耗，从而达到降低损耗的目的。

补偿前负荷的功率因数为

$$\cos\varphi_{i1} = \cos\left(\arctan\frac{Q_i}{P_i}\right) \tag{3-6}$$

其中，Q_i 为补偿前的无功功率，kvar；P_i 为补偿前的有功功率，kW。

补偿后负荷的功率因数为

$$\cos\varphi_{i2} = \cos\left(\arctan\frac{Q_i - Q_C}{P_i}\right) \tag{3-7}$$

其中，Q_i 为补偿前的无功功率，kvar；Q_C 为无功补偿容量，kvar；P_i 为补偿前各元件的有功功率，kW。

补偿后电网中的降损节电量为

$$\Delta(\Delta A) = \sum_{i=1}^{m}\left[\Delta A_i\left(1 - \frac{\cos^2\varphi_{i1}}{\cos^2\varphi_{i2}}\right)\right] - TQ_C\tan\delta \tag{3-8}$$

其中，ΔA_i 为各串接元件补偿前的损耗电量，kW·h；$\cos\varphi_{i1}$、$\cos\varphi_{i2}$ 分别为补偿前、后各串接元件负荷的功率因数；T 为无功补偿装置的投运时间，h；Q_C 为无功补偿容量，kvar；$\tan\delta$ 为电容器的介质损耗；m 为元件个数。

当输送有功功率不变，功率因数从 $\cos\varphi_1$ 提高到 $\cos\varphi_2$ 时，电网中各串接元件的有功功率损耗降低百分率为

$$\Delta P\% = \left(1 - \frac{\cos^2\varphi_1}{\cos^2\varphi_2}\right) \times 100\% \tag{3-9}$$

其中，$\cos\varphi_1$、$\cos\varphi_2$ 分别为补偿前、后的功率因数，见表 3-2。

表 3-2 补偿前、后的功率因数与有功损耗降低百分数

$\Delta P\%$		$\cos\varphi_2$				
		0.80	0.85	0.90	0.95	1.00
$\cos\varphi_1$	0.60	43.75	50.17	55.55	60.11	100
	0.65	33.98	41.52	47.84	53.18	57.75
	0.70	23.44	32.18	39.50	45.70	51.00
	0.75	12.11	22.15	30.56	37.67	43.75
	0.80	—	11.42	20.98	29.08	36.00
	0.85	—	—	10.80	19.94	27.75
	0.90	—	—	—	10.25	19.00
	0.95	—	—	—	—	9.25

3. 根据等网损微增率进行无功补偿

对区域电网来说，无功补偿分配是否合理，总的电能损耗是否最小，用无功经济当量和提高功率因数的方法是难以确定的，只有根据等网损微增率的原则分配无功补偿容量才能

实现。

　　假设已知区域电网各节点的有功功率，那么这个网络的有功总损耗与各点的无功功率和无功补偿容量有关，如果不计电网无功功率损耗，只要满足下列方程式，就可以得到最佳补偿方案。

　　等网损微增率方程式为

$$\begin{cases} \dfrac{\partial \Delta P_1}{\partial Q_{1C}} = \dfrac{\partial \Delta P_2}{\partial Q_{2C}} = \cdots = \dfrac{\partial \Delta P_n}{\partial Q_{nC}} \\ \displaystyle\sum_{i=1}^{n} Q_{iC} - \sum_{i=1}^{n} Q_i = 0 \end{cases} \tag{3-10}$$

其中，$\dfrac{\partial \Delta P_1}{\partial Q_{1C}}$、$\dfrac{\partial \Delta P_2}{\partial Q_{2C}}$、$\cdots$、$\dfrac{\partial \Delta P_n}{\partial Q_{nC}}$ 为通过某段线路上的功率损耗对该段线路终端无功功率补偿容量的偏微分。

　　从而可以推得

$$(Q_1 - Q_{1C})r_1 = (Q_2 - Q_{2C})r_2 = \cdots = (Q_n - Q_{nC})r_n \tag{3-11}$$

　　配置在各节点的无功补偿容量按下式计算：

$$Q_{1C} = Q_1 - \frac{(Q_\Sigma - Q_{\Sigma C})r_{eq}}{r_1} \tag{3-12}$$

$$Q_{nC} = Q_n - \frac{(Q_\Sigma - Q_{\Sigma C})r_{eq}}{r_n} \tag{3-13}$$

其中，Q_1、$\cdots$、Q_n 为各点的无功功率，kvar；$Q_{\Sigma C}$ 为此网络总的无功功率，kvar；r_1、$\cdots$、r_n 为各条线路的等效电阻，Ω；r_{eq} 为装设无功补偿设备的所有各条线路的等效电阻，Ω，计算式为

$$r_{eq} = \frac{1}{1/r_1 + 1/r_2 + \cdots + 1/r_n} \tag{3-14}$$

　　实践证明，当在区域电网中安装了一定数量的无功补偿设备时，必须按照等网损微增率的原则进行合理分配，这样才能达到最佳补偿效果。

3.2.2　电压无功优化控制

　　电网电压无功优化运行是指利用地区调度自动化的遥测、遥信、遥控、遥调功能，对地区调度中心的 220 kV 以下变电站的无功、电压和网损进行综合性处理。

　　电压无功优化运行的基本原则是以网损最佳为目标，各节点电压合格为约束条件，集中控制变压器有载分接开关挡位调节和变电站无功补偿设备（容性和感性）投切，达到全网无功分层就地平衡、全面改善和提高电压质量、降低电能损耗的目的。

1. 电力系统的无功优化

　　电力系统的无功优化是指当系统结构和参数、负荷有功功率和无功功率以及发电机有功出力给定时（平衡机除外），在满足系统各种运行限制条件和设备安全约束的情况下，通过对发电机的机端电压、无功补偿设备（包括电力电容器、静止无功发生器等）的出力及可

调变压器的分接头进行调整,使系统的某个性能指标达到最优。

无功优化对改善电压质量,提高电力系统稳定性,减少网损,提高电力系统经济效益具有十分重要的理论意义和现实意义。

电力系统无功优化在数学上是一个典型的非线性规划问题,其简要数学模型可表示如下:

$$\begin{cases} \min\ f(x) \\ \text{s.t.}\ g(x)=0 \\ h_{\min} \leqslant h(x) \leqslant h_{\max} \\ x_{\min} \leqslant x \leqslant x_{\max} \end{cases} \tag{3-15}$$

其中, x 为系统变量; $f(x)$ 为目标函数; $g(x)=0$ 为等式约束; $h_{\min} \leqslant h(x) \leqslant h_{\max}$ 为函数不等式约束; $x_{\min} \leqslant x \leqslant x_{\max}$ 为变量不等式约束。

电力系统无功优化的目标函数一般为全网有功损耗。等式约束主要包括节点功率平衡方程。不等式约束主要分为变量不等式约束和函数不等式约束两大类。变量不等式约束包括节点电压幅值、发电机和无功补偿装置的无功功率;函数不等式约束包括线路有功功率的约束等。

电力系统无功优化的常规优化算法主要有线性规划法、非线性规划法、混合整数规划法及动态规划法等。这类算法是以目标函数和约束条件的一阶或二阶导数作为寻找最优解的主要信息。

(1)线性规划法。在所有规划方法中,线性规划法是发展最为成熟的一种方法。无功优化虽然是一个非线性问题,但可以采用局部线性化的方法,将非线性目标函数和安全约束逐次线性化,故可以将线性规划法用于求解无功优化问题。

(2)非线性规划法。由于无功优化问题自身的非线性,非线性规划法最先被运用到电力系统无功优化之中,最具代表性的是简化梯度法、牛顿法、二次规划法。简化梯度法是求解较大规模最优潮流问题的第一个较为成功的算法。它以极坐标形式的牛顿潮流计算为基础,对等式约束用拉格朗日乘数法处理,对不等式约束用库恩 - 塔克(Kuhn-Tucker)罚函数处理,沿着控制变量的负梯度方向进行寻优,具有一阶收敛性。

(3)混合整数规划法。混合整数规划法的原理是先确定整数变量,再与线性规划法协调处理连续变量。它解决了前述方法中没有解决的离散变量的精确处理问题,其数学模型也比较准确地体现了无功优化实际,但是这种分两步优化的方法削弱了它的总体最优性,同时在问题的求解过程中常常发生振荡发散,而且它的计算过程十分复杂,计算量也很大,计算属于非多项式类型,随着维数的增加,计算时间会急剧增加,有时甚至是爆炸性的,所以既精确地处理整数变量,又适应系统规模使其实用化是完善这一方法的关键之处。

(4)动态规划法。动态规划法是研究多阶段决策过程最优解的一种有效方法,按时间或空间顺序将问题分解为若干互相联系的阶段,依次对每一阶段做出决策,最后获得整个过程的最优解。其基本特点是从动态过程的总体上寻优,对问题分阶段求解,每个阶段包含一个变量,尤其适合于多变量方程。动态规划法较多应用于有功优化问题,在无功优化中也有运用。

2. 电力系统电压无功控制

系统的无功平衡是保证电压质量的重要条件,系统无功供给不足,会降低运行电压水平和增加网损;若系统无功供给过剩,则会提高系统运行电压,影响设备使用寿命和系统的安全稳定性,使系统输送容量降低,不利于电网的运行调度。因此,保证电压质量合格是电力系统安全优质供电的重要条件,对节约电能有着重要的意义。

在变电站中主要通过调节有载调压变压器(On-load tap-changer, OLTC)的分接头和投退无功补偿设备达到调整电压的目的。在各种无功补偿设备中,并联电容器组简单经济,易于安装维护,有功损耗小,同时电力系统的大部分负荷主要是感性负荷,因此并联电容器组逐渐取代同步调相机,得到广泛应用。而 OLTC 则适用于供电线路较长,负荷变动较大的场合,其调压范围较大且不影响供电。

目前,电压无功控制采用电压无功控制(Voltage Quality Control, VQC)装置实现。VQC装置是根据电网电压、无功的变化,为满足供电用户的电压和供电部门功率因数的要求,自动调整变压器分接头、投切电容器的自动装置。它的控制目标是通过实时检测系统电压、无功功率、功率因数等参数,通过投切电容器(电抗器)、调节变压器分接头,使得输出电压和功率因数在合格范围内,从而达到提高供电质量的目的。

VQC 装置避免了变压器轻载运行时电容器组频繁投切现象,适应性强,便于实现实时的无功控制;控制简单方便,可有效避免电容器组的频繁投切现象。

VQC 采用基于九区图的控制策略。为实现母线电压和无功功率综合控制,利用电压、无功两个判据量对变电站主变压器高压侧无功和目标侧电压进行综合调节,以保证电压在合格范围内,同时实现无功基本平衡。按电压、无功的限制整定方式进行综合控制时,电压、无功的上、下限如图 3-1 所示。

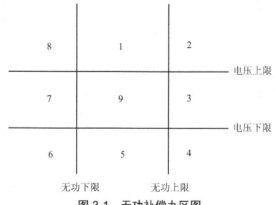

图 3-1　无功补偿九区图

根据 VQC 的调控要求,应将受控母线电压控制在规定的电压上、下限之间,确保电压合格,同时尽量使无功控制在规定的无功上、下限之间,如果电压、无功不能同时达到要求,则优先保证电压合格。九区图各区域具体的综合控制策略见表 3-3。

表 3-3 九区图各区域具体的综合控制策略

控制区域	监控变量状态	控制措施
1 区	电压越上限	升挡降压,如在最高挡,强切电容器
2 区	电压、无功越上限	升挡降压,如在最高挡,强切电容器
3 区	无功越上限	投电容器,如无电容器可投,则维持不变
4 区	电压越下限、无功越上限	投电容器,如无电容器可投,降挡升压
5 区	电压越下限	降挡升压,如在最低挡,强投电容器
6 区	电压、无功越下限	降挡升压,如在最低挡,强投电容器
7 区	无功越下限	切电容器,如无电容器可切,维持不变
8 区	电压越上限、无功越下限	切电容器,如无电容器可切,升挡降压
9 区	电压、无功在允许范围内	不动作,逆调压原则调整电压下限

虽然 VQC 装置对电网电压、无功控制起到重要作用,但其九区图控制策略具有局限性,如无法体现不同电压等级分接头调节对电压的影响,不能做到无功分区分层平衡;无法满足全网的控制目标以及约束条件,如省网关口功率因数、220 kV 母线电压约束、全网网损最小的目标等,这种孤岛控制方式也越来越不适应电网的发展。

电网无功、电压闭环控制系统(Automatic Voltage Control, AVC)是通过监视关口的无功和变电站母线电压,在保证关口无功和母线电压合格的条件下进行无功、电压优化计算,通过改变电网中可控无功电源的出力、无功补偿设备的投切、变压器分接头的调整来满足安全经济运行条件,提高电压质量,降低网损。系统优化的目标为关口无功合格,母线电压合格,网损最优。

AVC 系统原理如图 3-2 所示。

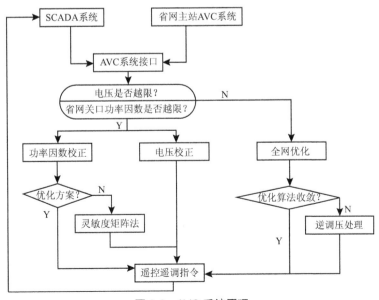

图 3-2 AVC 系统原理

AVC 系统主要由硬件和软件两部分组成。硬件部分主要由无功、电压优化服务器和远程工作站组成。软件部分主要包括无功优化数学模型、数据采集、电压及无功优化计算和处理、控制执行等模块。无功、电压优化系统由电网实时数据采集接口，网络拓扑分析系统，无功、电压计算分析平台，变电站及设备控制出口等功能模块组成，采用先进的无功优化算法，通过可靠的技术平台实现，最大限度地确保了优化方法的科学性、控制模式的安全性、设备管理的合理性。AVC 系统除了实现无功电压的优化控制之外，还提供了网损统计分析、系统参数调节等功能，在帮助电网工作人员跟踪系统实施结果的同时，改进控制方式和策略，使系统通过逐步完善，最终达到降损节能和改善电压质量的目的。

AVC 系统的基本功能如下。

（1）全网电压优化功能。当无功功率流向合理，某变电站 10 kV 侧母线电压越上限或越下限运行，分析同电源、同电压等级变电站和上级变电站电压情况，决定是调节本变电站有载主变压器分接头开关，还是调节上级电源变电站有载主变压器分接头开关挡位。实现全网调节电压，可以达到以尽可能少的有载调压变压器分接头开关调节次数，达到最大范围提高电压水平，同时避免了多变电站多主变压器同时调节主变压器分接头开关可能引起的调节振荡。实施有载调压变压器分接头开关调节次数优化分配，保证了电网有载调压变压器分接开关动作安全，并减少了日常维护工作量。实现热备用有载调压变压器分接头开关挡位联调，使热备用有载调压变压器分接头开关挡位与运行有载调压变压器分接头开关挡位一致调节，可迅速完成热备用变压器的并联运行。

（2）全网无功优化功能。当电网内各级变电站电压处在合格范围内时，可控制本级电网内无功功率流向，使其更为合理，达到无功功率分层就地平衡，提高受电功率因数。依据电网对电压、无功变化的需要，计算并确定同电压等级不同变电站电容器组、同变电站不同容量电容器组谁优先投入；省网关口功率因数不合格时，优化 220 kV 及其下级变电站的电容器组的投切。

（3）无功电压综合优化功能。当变电站 10 kV 母线侧电压越上限时，先降低主变压器分接头开关挡位，如达不到要求，再切除电容器。当变电站 10 kV 母线侧电压超下限时，先投入电容器，达不到要求时，再提高主变压器分接头开关挡位，尽可能做到电容器投入量最合理。预测 10 kV 母线侧电压和负荷变化，防止无功补偿设备投切振荡。

（4）网损的优化。在电压和功率都合格的情况下，通过设备的电压、网损灵敏度分析和综合的调整费用来进行排队，依次选择控制设备。对设备的控制保证电压合格，同时不引起电压的太大变化。通过定义设备的调整费用来控制调整频度和调整优先级。

（5）实现逆调压。软件系统可以根据当前的负荷水平，自动实现高峰负荷电压偏上限运行，低谷负荷电压偏下限运行的逆调压功能。电压校正、功率因数校正、网损优化这三个功能的优先级可根据用户考核和管理的规定设定。

3.3   电网经济运行

所谓电网经济运行,就是对电网各种运行方式重点从降损节能的角度进行对比优化选择,而供电网络是由诸多输电、变电、配电线路与设备构成,电网的经济运行既包括单体元件(如某一条线路或某一台变压器)的经济运行,又包括网络元件组合的经济运行(如线路变压器组、变电站供电区等)以及整个区域电网的经济运行。

3.3.1   合理调整运行电压

电网的运行电压对电网中元件的负载损耗和空载损耗均有影响,电网中的负载损耗与运行电压成反比,而空载损耗一般与电压的平方成正比关系,因此根据电网损耗中负载损耗和空载损耗比重情况,适当调整运行电压可以达到节电降损的效果。

当电网的负载损耗与空载损耗的比值 C 大于表 3-4 中的数值时,可通过提高运行电压达到降损节电的效果。

表 3-4   提高运行电压降损判据

提高电压百分数 a(%)	1	2	3	4	5
负载损耗与空载损耗比值 C	1.02	1.04	1.061	1.082	1.10

当电网的负载损耗与空载损耗的比值 C 小于表 3-5 中的数值时,可通过降低运行电压达到降损节电的效果。

表 3-5   降低运行电压降损判据

降低电压百分数 a(%)	1	2	3	4	5
负载损耗与空载损耗比值 C	0.98	0.96	0.941	0.922	0.903

合理调整运行电压的手段通常包括调整发电机端电压、调整变压器分接头和全网的无功平衡优化等,其中全网的无功平衡优化是调整运行电压的有效手段,包括在变电站采用无功补偿装置,在公用配电变压器低压侧加装低压无功补偿装置,在用户侧加装无功补偿装置等措施。而调整变压器分接头,通常需要在无功平衡的前提下进行。

3.3.2   提高用户的功率因数

提高用户的功率因数,减少输电网络中输送的无功功率,首先应提高负荷的自然功率因数,其次是增设无功功率补偿装置。

负荷的自然功率因数是指未设置任何无功补偿设备时负荷自身的功率因数。在电力系统中,异步电动机占相当大比重,它是系统中需要无功功率的主要负荷。欲提高负荷的功率因数,首先在选择异步电动机容量时,应尽量接近它所带的机械负荷,避免电动机长期处于轻负荷下运行,更应避免电动机空载运转;其次在可能的条件下,大容量的用户尽量使用同步电动机,并过激运行,对绕线式异步电动机转子绕组通以直流励磁改作同步电动机运行;最后应提高电动机的检修质量。

此外,变压器也是电网中消耗无功功率较多的设备,因此应合理地配置其容量,并限制变压器空载运行的时间,这也是提高功率因数的重要措施。

3.3.3　改善网络中的无功功率分布

提高功率因数对降损是非常有利的,而提高功率因数的主要途径,一是减少系统各部分的无功损耗,二是进行无功补偿。

合理地配置无功补偿装置,改变无功潮流分布,减少有功损耗和电压损耗,不但能使线损大为减少,同时也有利于提高电网稳定性。

3.3.4　变压器的经济运行

变压器是电网中的重要元件,一般来说,从发电、供电一直到用电需要经过 3 ~ 4 次变压器的变压过程。变压器在传输电功率的过程中,其自身要产生有功功率和无功功率损耗,由于变压器的总台数多、总容量大,所以在发、供、用电过程中变压器总的电能损耗占整个电力系统损耗的 30% ~ 40%。因此,全面开展变压器经济运行是实现电力系统经济运行的重要环节,对节电降损也是一个重要手段。

变压器经济运行是在确保变压器安全运行、满足正常供电需求和标准供电质量的基础上,充分利用现有设备,通过选择变压器的最佳运行方式、负载调整、运行位置最佳组合以及改善变压器的运行条件,最大限度地降低变压器的电能损失和提高电源侧的功率因数。

由于变压器损耗在电网总损耗中所占比例相当大,因此降低变压器的损耗是电网降损的重要内容。根据负荷的变化适当调整投入运行的变压器台数,可以减少功率损耗。当负荷小于临界负荷时,减少一台变压器运行较为经济;当负荷大于临界负荷时,并联运行较为经济。一般在变电站内应设计安装两台及以上的变压器,作为改变系统运行方式的技术基础。这样既提高了供电的可靠性,又可以根据负荷合理停用或并联运行变压器的台数,降低变压器损耗。

1. 单台变压器的经济运行

当单台变压器负载率达到经济负载率 β_j 时,变压器经济运行。变压器经济负载率计算公式为

$$\beta_j = \sqrt{\frac{\Delta P_0 + K_Q \Delta Q_0}{\Delta P_k + K_Q \Delta Q_k}} \tag{3-16}$$

其中, ΔP_0 为变压器空载损耗, kW; K_Q 为变压器负荷无功经济当量,一般主变压器 $K_Q = 0.06 \sim 0.10$ kW/kvar,配电变压器 $K_Q = 0.08 \sim 0.13$ kW/kvar; ΔQ_0 为变压器空载无功损耗, kvar; ΔP_k 为变压器短路损耗,kW; ΔQ_k 为变压器短路无功损耗,kvar。

此时,变压器经济负载值,即变压器输出的有功功率的经济值为

$$P_j = \beta_j P_N = S_N \cos\varphi \sqrt{\frac{\Delta P_0}{\Delta P_k}} \tag{3-17}$$

其中,β_j 为变压器经济负载率;P_N、S_N 分别为变压器额定有功功率、额定容量,kW、kV·A;$\cos\varphi$ 为变压器低压侧负荷功率因数;ΔP_0 为变压器空载损耗,kW;ΔP_k 为变压器短路损耗,kW。

2. 两台变压器的经济运行

1)两台同型号、同容量变压器的经济运行

此种情况,定义一个参数,称为临界负荷 S_{cr},其计算公式为

$$S_{cr} = S_N \sqrt{\frac{2(\Delta P_0 + K_Q \Delta Q_0)}{\Delta P_k + K_Q \Delta Q_k}} \tag{3-18}$$

其中,S_N 为变压器额定容量,kV·A;ΔP_0 为变压器空载损耗,kW;K_Q 为变压器负荷无功经济当量;ΔQ_0 为变压器空载无功损耗,kvar;ΔP_k 为变压器短路损耗,kW;ΔQ_k 为变压器短路无功损耗,kvar。

当用电负荷 S 小于临界负荷 S_{cr} 时,投一台变压器运行,功率损耗最小,最经济。当用电负荷 S 大于临界负荷 S_{cr} 时,将两台变压器都投入运行,功率损耗最小,最经济。

根据临界负荷投切变压器的容量,对于供电连续性要求较高的、随月份变化的综合用电负荷,不仅有重大的降损节能意义,而且也是切实可行的。但是对于一昼夜或短时间内负荷变化较大的情况,则不宜采取这个措施。

2)"母子变压器"的经济运行

在配电网络中有些配电变压器全年负荷是不平衡的,有时负荷很重,接近满载或超载运行;有时负荷很轻,接近轻载或空载状态,如农业排灌、季节性生产等用电的配电变压器,可采取停用或"母子变压器"的措施,即排灌用配电变压器,空载运行时间约有半年的应及时停用。季节性轻载运行配电变压器,根据实际情况配置一台小容量配电变压器,即"母子变压器",按负载轻重及时切换,以达到降损节电的效果。

"母子变压器"是两台容量大小不同的变压器,其投运方式有三种:一是小负荷用电投子变压器;二是中负荷用电投母变压器;三是大负荷用电母变压器、子变压器都投运。

类似于两台同容量变压器运行的情况,此时定义两个临界负荷参数 S_{cr1} 和 S_{cr2},其计算公式分别为

$$S_{cr1} = S_{Nm} S_{Nz} \sqrt{\frac{\Delta P_{0m} - \Delta P_{0z}}{S_{Nm}^2 \Delta P_{kz} - S_{Nz}^2 \Delta P_{km}}} \tag{3-19}$$

$$S_{cr2} = S_{Nm} \sqrt{\frac{\Delta P_{0z}}{\Delta P_{km} - \dfrac{S_{Nm}^4 \Delta P_{km}}{(S_{Nm} + S_{Nz})^4} - S_{Nm}^2 S_{Nz}^2}} \tag{3-20}$$

其中,S_{Nm}、S_{Nz} 分别为母变压器、子变压器的额定容量,kV·A;ΔP_{0m}、ΔP_{km} 分别为母变压器

的空载损耗、短路损耗，kW；ΔP_{0z}、ΔP_{kz} 分别为子变压器的空载损耗、短路损耗，kW。

当用电负荷 S 小于第一个临界负荷 S_{cr1} 时，将子变压器投入运行，损耗最小，最经济；当用电负荷 S 大于第一个临界负荷 S_{cr1} 而小于第二个临界负荷 S_{cr2} 时，将母变压器投入运行，损耗最小，最经济；当用电负荷 S 大于第二个临界负荷 S_{cr2} 时，将母变压器和子变压器都投入运行，损耗最小，最经济。"母子变压器"供电方式适用于对供电连续性要求较高和随月份变化的综合用电负荷。根据计算确定的临界负荷，来衡量用电负荷达到哪一范围，然后确定投运变压器的容量，采取适宜的供电方式。

3. 多台变压器的经济运行

这里所说的多台变压器，是指同型号、同容量的三台及以上变压器。它们的经济运行，可采用下式进行说明。

当用电负荷增大，且达到

$$S > S_{N}\sqrt{\frac{\Delta P_0 + K_Q \Delta Q_0}{\Delta P_k + K_Q \Delta Q_k} n(n+1)} \tag{3-21}$$

时，应增加投运一台变压器，即投运 $n+1$ 台变压器较经济。

当用电负荷减小，且降到

$$S > S_{N}\sqrt{\frac{\Delta P_0 + K_Q \Delta Q_0}{\Delta P_k + K_Q \Delta Q_k} n(n-1)} \tag{3-22}$$

时，应停运一台变压器，即投运 $n-1$ 台变压器较经济。

应当指出，对于负荷随昼夜起伏变化，或在短时间内变化较大的用电负荷，采取上述方法降低变压器的电能损耗是不合理的，这将使变压器高压侧的开关操作次数过多而增加损坏的概率和检修的工作量；同时，操作过电压对变压器的使用寿命也有一定影响。

3.3.5　配电网的经济运行

所谓配电网的经济运行，是指在现有电网结构和布局下，一方面要把用电负荷组织好，调整得尽量合理，以保证线路及设备在运行时间内所输送的负荷尽量合理；另一方面，通过一定途径，按季节调节电网运行电压水平，使其接近或达到合理值。

当以下两个条件任一实现时，配电网线路可实现经济运行。

（1）当线路负荷电流 I_{av} 达到经济负荷电流 I_j 时，且

$$I_j = \sqrt{\frac{\sum_{i=1}^{m}\Delta P_{0i}}{3k^2 R_{eq\Sigma}}} \tag{3-23}$$

其中，ΔP_{0i} 为线路上每台变压器的空载损耗，W；k 为线路负荷曲线形状系数；$R_{eq\Sigma}$ 为线路总等效电阻，Ω。

（2）当变压器平均负载率 β 达到经济平均负载率 β_j 时，且

$$\beta_{j}\% = \frac{U_{N}}{k\sum_{i=1}^{m}S_{Ni}}\sqrt{\frac{\sum_{i=1}^{m}\Delta P_{0i}}{R_{eq\Sigma}}} \times 100\% \tag{3-24}$$

其中，U_N 为线路的额定电压，kV；k 为线路负荷曲线形状系数；S_{Ni} 为线路上各台变压器的额定容量，kV·A；ΔP_{0i} 为线路上各台变压器的空载损耗，kW；$R_{eq\Sigma}$ 为线路总等效电阻，Ω。

当配电网线路实现经济运行时，线路达到最佳线损率，其计算式为

$$\Delta A_{zj}\% = \frac{2k \times 10^{-3}}{U_{N}\cos\varphi}\sqrt{R_{eq\Sigma}\sum_{i=1}^{m}\Delta P_{0i}} \times 100\% \tag{3-25}$$

其中，k 为线路负荷曲线形状系数；U_N 为线路的额定电压，kV；$\cos\varphi$ 为线路负荷功率因数；$R_{eq\Sigma}$ 为线路总等效电阻，Ω；ΔP_0 为线路上每台变压器的空载损耗，W。

3.3.6　加强低压三相负荷平衡降损工作

1. 三相负荷不平衡对线损的影响

在三相四线制供电网络中，由于有单相负载存在，造成三相负载不平衡在所难免。当三相负载不平衡运行时，中性线即有电流通过。这样不但相线有损耗，而且中性线也产生损耗，因而增加了电网线路的损耗。

三相四线制接线方式如图 3-3 所示。

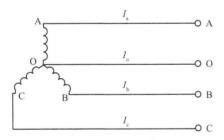

图 3-3　三相四线制接线方式

这时单位长度线路上的功率损耗为

$$\Delta P = I_{a}^{2}R + I_{b}^{2}R + I_{c}^{2}R + I_{o}^{2}R_{o} \tag{3-26}$$

其中，R、R_o 分别为相线和中性线单位长度线路的电阻值。

当三相负荷完全平衡时，三相电流 $I_a = I_b = I_c = I_{cp}$，中性线中的电流为 0，这时单位长度线路上的功率损耗为

$$\Delta P = 3I_{cp}^{2}R \tag{3-27}$$

其中，I_{cp} 为三相负荷完全平衡时的相电流值，A。

如果各相电流不平衡，则中性线中有电流通过，损耗将显著增加。为讨论方便，引入负荷不平衡度 ε，且

$$\varepsilon = \left(I_{\max} - I_{\mathrm{cp}}\right) / I_{\mathrm{cp}} \times 100\% \qquad (3\text{-}28)$$

其中,$I_{\max}$ 为负荷最大一相的电流值,A。

下面分三种情况讨论三相负荷不平衡时线损值的增量。

(1)一相负荷重,两相负荷轻。假设 A 相负荷重,B、C 相负荷轻,则 $I_{\mathrm{a}} = (1+\varepsilon)I_{\mathrm{cp}}$,$I_{\mathrm{b}} = I_{\mathrm{c}} = (1-\varepsilon/2)I_{\mathrm{cp}}$,在三相相位对称的情况下,中性线中的电流 $I_{\mathrm{o}} = \dfrac{3}{2}\varepsilon I_{\mathrm{cp}}$。这时单位长度线路上的功率损耗为

$$\Delta P = (1+\varepsilon)^2 I_{\mathrm{cp}}^2 R + 2 \times (1-\varepsilon/2)^2 I_{\mathrm{cp}}^2 R + \frac{9}{4}\varepsilon^2 I_{\mathrm{cp}}^2 R_{\mathrm{o}} = 3 I_{\mathrm{cp}}^2 R + \frac{\varepsilon^2 I_{\mathrm{cp}}^2}{4}\left(6R + 9R_{\mathrm{o}}\right) \qquad (3\text{-}29)$$

三相对称情况下线路的功率损耗与三相负荷平衡时单位长度线路上的功率损耗的比值,称为功率损耗增量系数,记为 K_1,则

$$K_1 = 1 + \frac{\varepsilon^2}{12R}\left(6R + 9R_{\mathrm{o}}\right) \qquad (3\text{-}30)$$

(2)一相负荷重,一相负荷轻,第三相的负荷为平均负荷。假设 A 相负荷重,B 相负荷轻,C 相负荷为平均值,显然 $I_{\mathrm{a}} = (1+\varepsilon)I_{\mathrm{cp}}$,$I_{\mathrm{b}} = (1-\varepsilon)I_{\mathrm{cp}}$,$I = I_{\mathrm{cp}}$,则在三相相位对称的情况下,中性线中的电流 $I_{\mathrm{o}} = \sqrt{3}\varepsilon I_{\mathrm{cp}}$。这时单位长度线路上的功率损耗为

$$\Delta P = (1+\varepsilon)^2 I_{\mathrm{cp}}^2 R + (1-\varepsilon)^2 I_{\mathrm{cp}}^2 R + I_{\mathrm{cp}}^2 R + 3\varepsilon^2 I_{\mathrm{cp}}^2 R_{\mathrm{o}} = 3 I_{\mathrm{cp}}^2 R + \varepsilon^2 I_{\mathrm{cp}}^2 \left(2R + 3R_{\mathrm{o}}\right) \qquad (3\text{-}31)$$

$$K_2 = 1 + \frac{\varepsilon^2 \left(2R + 3R_{\mathrm{o}}\right)}{3R} \qquad (3\text{-}32)$$

(3)一相负荷轻,两相负荷重。假设 $I_{\mathrm{a}} = (1-2\varepsilon)I_{\mathrm{cp}}$,$I_{\mathrm{b}} = I_{\mathrm{c}} = (1+\varepsilon)I_{\mathrm{cp}}$,则在三相相位对称的情况下,中性线中的电流 $I_{\mathrm{o}} = 3\varepsilon I_{\mathrm{cp}}$。这时单位长度线路上的功率损耗为

$$\Delta P = (1-2\varepsilon)^2 I_{\mathrm{cp}}^2 R + 2 \times (1+\varepsilon)^2 I_{\mathrm{cp}}^2 R + 9\varepsilon^2 I_{\mathrm{cp}}^2 R_{\mathrm{o}} = 3 I_{\mathrm{cp}}^2 R + \varepsilon^2 I_{\mathrm{cp}}^2 \left(6R + 9R_{\mathrm{o}}\right) \qquad (3\text{-}33)$$

$$K_3 = 1 + \frac{\varepsilon^2}{3R}\left(6R + 9R_{\mathrm{o}}\right) \qquad (3\text{-}34)$$

显然,当负荷不平衡度 ε 相等时,$K_3 > K_2 > K_1 > 1$,对于三相四线制接线方式,由此可得出如下结论。

(1)三相四线制接线方式,当三相负荷平衡时线损最小;当一相负荷重,两相负荷轻时,线损增量较小;当一相负荷重,一相负荷轻,而第三相的负荷为平均负荷时,线损增量较大;当一相负荷轻,两相负荷重时,线损增量最大。

(2)当三相负荷不平衡时,不论何种负荷分配情况,电流不平衡度越大,线损增量也越大。

(3)按照相关规定,不平衡度 ε 不得大于 20%。设中性线截面面积为相线截面面积的一半,假若 $\varepsilon = 0.2$,则 $K_1 = 1.08$,$K_2 = 1.11$,$K_3 = 1.32$,也就是说,相对于三相平衡的情况而言,由于三相负荷不平衡(且在允许范围内)所引起的线损分别增加 8%、11%、32%。

因此,在三相四线制的低压网络运行中,应经常测量三相负荷并进行调整,使之平衡,这是降损节能的一项有效措施,对于输送距离比较远的配电线路来说,效果尤为显著。

2.调整三相负荷的基本原则

（1）三相负荷平衡基点的选取。平衡点只有放在最底层的用户上，才能取得最精确的平衡。均衡分配用户不仅是形式上来看每相接单相用户总数的 1/3，而且要把其中的用电情况在同一等级的用户也均衡分配到三相上。

（2）三相负荷平衡时段的选取。由于电网电流不断变化，某一时刻三相负荷平衡，换一时刻就不一定平衡了。平衡时段的选取应根据用户用电规律，选取负荷高峰且持续时间较长时三相负荷平衡为基准，兼顾其他时段。

3.三相负荷调整方法

（1）从末端开始调整。末端中性线电流经过的路径最长，电能损失相对较大。

（2）以接点平衡，即就地平衡为主，就近平衡为辅。接点平衡，中性线电流仅在下户线中流动，不流入低压线路，节能效果最好。

（3）以用电用户为单位，以平均月用电量为调整依据。当户数和电量冲突时，应以电量为依据。

3.4 电网降损改造

电网降损改造是通过对已有电网进行技术升级或改造来降低网损，包括对电网网架结构的改造、电网升压改造、增加并列线路运行（加装复导线或架设第二回线路）、更换导线、环网开环运行、改进不正确的接线方式（迂回、卡脖、配电变压器不在负荷中心，低压台区改造）、增设无功补偿装置、采用低损耗和有载调压变压器、逐步更新高损耗变压器等。

3.4.1 电网升压改造

随着国民经济的快速发展和生活用电量的增大，使电力线路输送的容量不断增加，造成部分线路可能超负荷运行，其结果必然使电能损耗大幅度增加。如果将原来的电压提高一个等级，如 10 kV（6 kV）提高到 20 kV（35 kV），即可使线路的输送容量和电能损耗得到改善，达到降损的目的，对电网进行升压改造，是在较短的时间内提高供电能力、降低线损的一项有效措施，也是今后电网的发展方向。电网升压改造适用于用电负荷增长造成线路输送容量不够或线损大幅度上升而达到明显不经济程度，以及简化电压等级、淘汰非标准电压两种情况。

由于电网中的可变损耗与运行电压的平方成反比，固定损耗与运行电压的平方成正比，电网升压运行可导致配电网可变损耗的降低和空载损耗的增加。因此，电网升压运行的原则是使可变损耗的减少量超过固定损耗的增加量，以达到降低配电网总损耗的目的。

电网升压改造后负载损耗降低百分率见表 3-6。

表 3-6 电网升压改造后负载损耗降低百分率

升压前电压 （kV）	升压后电压 （kV）	升压后负载 损耗降低百分率 （%）	升压前电压 （kV）	升压后电压 （kV）	升压后负载 损耗降低百分率 （%）
220	330	55.43	20	35	60.39
110	220	75.11	10		91.84
66	110	67.22	6	10	64.28
35		89.87	3	10	91

如中国目前使用的 10 kV 配电网，由于自身特点的限制，显现出容量小、损耗大、供电半径短、占用通道和土地多等劣势。将 20 kV 电压等级纳入电网系统输配电序列，与原有作为城市中压配电网主力的 10 kV 电压等级相比，20 kV 供电半径增加 60%，供电范围扩大 1.5 倍，供电能力提高 1 倍，输送损耗降低 75%，通道宽度基本相当，在输送功率相同的时候，可以大量减少变电站和线路布点。对偏远农村地区供电的优势潜能巨大，如采用 10 kV 长距离供电的偏远农村地区存在损耗和电压降过大的问题，采用 20 kV 供电则可以发挥在低负荷密度地区长距离输送的优势。

3.4.2 增加并列线路运行及更换导线

线路的电能损耗同电阻成正比，增大导线截面可以减小线路的电阻，从而减小电能损耗，但导线截面面积增加，线路的建设投资也增加。导线的选择应首先考虑末端电压降（10 kV 线路允许的电压降为 5%，0.4 kV 低压线路允许的电压降为 7%），同时考虑经济电流密度，并结合发热条件、机械强度等确定导线的规格。按导线截面面积选择的一般原则，可以确定满足要求的最小截面面积导线；但从长远来看，选用最小截面面积导线并不经济。如果把理论最小截面面积导线加大一到二级，线损下降所节省的费用便可以在较短时间内把增加的投资收回。

对于低压电力供应密度比较高的情况，采用铜导体比采用铝导体有更好的节能效果。由于铜导体的电阻率是铝导体电阻率的 57.7%，在同等条件下，损失率可以减小 42.3%。

综合考虑线路投资、降低年运行费用、节省导线等方面的因素，配电网的导线截面面积应按导线的经济电流密度来选择。

$$S_j = \frac{I_{max}}{J_j} \tag{3-35}$$

其中，S_j 为导线经济截面面积，mm²；I_{max} 为导线最大工作电流，A；J_j 为导线的经济电流密度，A/mm²，见表 3-7。

表 3-7　架空导线经济电流密度(A/mm²)

导线材料	年最大负荷利用小时数(h)			
	500 ~ 1 500	1 500 ~ 3 000	3 000 ~ 5 000	5 000 以上
裸铝线	2.0	1.65	1.15	0.9

通过更换配电网主干线路的截面面积增加并列线路,使导线截面面积增大,导线单位长度电阻减小,其结果将使导线的线路电阻减小,从而达到降损的目的。增加并列运行线路指由同一电源至同一受电点增加一条或几条线路并列运行。

更换导线截面面积降低损耗百分率见表 3-8。

表 3-8　更换导线截面面积降低损耗百分率

导线更换前的电阻		导线更换后的电阻		降低损耗百分率(%)
型号	电阻(Ω /km)	型号	电阻(Ω /km)	
LGJ-25	1.38	LGJ-35	0.85	38.4
LGJ-35	0.85	LGJ-50	0.65	23.5
LGJ-50	0.65	LGJ-75	0.46	29.2
LGJ-75	0.46	LG-90	0.33	28.3
LGJ-90	0.33	LGJ-120	0.27	18.2
LGJ-120	0.27	LGJ-150	0.21	22.2
LGJ-150	0.21	LGJ-185	0.17	19.0
LGJ-185	0.17	LGJ-240	0.132	22.4
LGJ-240	0.132	LGJ- 300	0.107	18.8
LGJ-300	0.107	LGJ-400	0.08	25.2

3.4.3　变压器的技术改造

提高输配电网效率的另一项关键技术,就是提高电气设备的效率。其中,提高配电网变压器的效率具有重大意义。从节能的观点来看,因为配电网变压器数量多,大多数又长期处于运行状态,因此这些变压器的效率哪怕只提高千分之一,也会节省大量电能。基于现有的实用技术,高效节能变压器的损耗至少可以节省 15%。

降低变压器的损耗是一个优化的过程,它涉及物理、技术和经济等各方面因素,还要对变压器整个使用寿命周期进行经济分析。在大多数情况下,变压器的设计都要在考虑铁芯及绕组的材料、设计,以及变压器的业主总费用等各方面因素后,得到一个折中的方案。在配电网的规划时,要严格按国家有关规定选用低损耗变压器,对于历史遗留运行中的高损耗变压器,在经济条件许可的情况下,逐步更换为低损耗变压器或通过节能技术改造,减少配电网的损耗,从而提高电网的经济效益。所谓低损耗变压器,就是高导磁材料、低损耗材料和先进制作工艺生产的节能变压器,低损耗变压器比高损耗变压器的空载损耗和短路损耗均有较大幅度的降低,推广使用低损耗变压器是降低配电网损耗的重要措施。

　　以 100 kV·A 容量的配电变压器为例,相关实验分析表明,当负荷为 20%～100% 时,86 标准的配电变压器比 64 标准的配电变压器损耗率降低 1.01%~2.66%,比 73 标准的配电变压器损耗率降低 0.7%~1.94%,非晶变压器的负载损耗与 S9 系列常规油变压器的负载损耗相同,空载损耗非晶变压器 SH15 系列比 S9 系列下降 70% 左右,降损效果显著。因此,要根据部颁规定淘汰 64、73 标准的高损耗变压器。

3.4.4　电网无功补偿改造

　　合理的无功补偿点的选择以及补偿容量的确定,能够有效地维持系统的电压下水平,提高系统的电压稳定性,避免大量无功的远距离传输,从而降低有功网损。

3.4.5　治理谐波改造

　　随着电网非线性负荷用电设备、种类和用电量的日益增长,特别是大功率变流设备和电弧炉等的广泛应用,使配电网中的高次谐波污染也日益严重,给电力系统发、配和用电设备造成不良影响,如谐波造成电网的功率损耗增加、设备寿命缩短、接地保护功能失常、遥控功能失常、线路和设备过热等,特别是 3 次谐波会产生非常大的中性线电流,使得配电变压器的中性线电流甚至超过相线电流,造成设备的不安全运行。谐波对电网的安全性、稳定性、可靠性的影响还表现在可能引起电网发生谐振、使正常的供电中断、事故扩大、电网解裂等,会产生电能计量误差。

　　治理谐波改造是通过加装新的谐波治理设备或改造原有的谐波治理设备,对电网谐波问题进行治理,以降低谐波问题导致的网损。

第4章 技术降损典型解决方案

4.1 变电站(所)技术降损解决方案

对于变电站的技术降损方案,需要在对变电站运行检测数据进行充分分析的基础上,采取适宜的技术降损措施。通常包括改变主变压器经济运行方式、调整负荷分配、改造高耗能变压器和更换大容量变压器等方式,本节分别就具体实例展开介绍。

4.1.1 优化变电站主变压器运行方式

在变电站运行过程中,由于主变压器的运行方式不合理导致的网损非常可观。通过运用变压器经济运行理论,科学确定变电站(所)变压器经济运行方式,优化变压器经济运行方式,可大幅度降低变电站的网损。

1. 案例1

某 110 kV 变电站共有三台容量为 60 000 kV·A 的变压器。变电站(所)供负荷包括工业大用户、中小企业、商业用户和居民用户等。变压器技术参数见表4-1。

表4-1 变压器技术参数

编号	型号	空载损耗(kW)	负载损耗(kW)	空载电流百分数(%)	阻抗电压百分数(%)
1	SFZ9-60000	46.935	215.07	0.27	21.45
2	SF29-60000	51.33	215.07	0.421 5	22.59
3	SZ10-60000	26.85	217.815	0.42	22.2

某日该变电站运行情况见表4-2。

表4-2 某日该变电站运行情况

关口点	A_p(万 kW·h)	A_Q(万 kvar·h)	I_{max}(A)	I_{av}(A)	I_{min}(A)
1	90.15	35.55	244.95	215.55	181.5
2	89.64	25.83	2 594.85	2 271.3	1 909.2
3	95.73	25.05	289.5	202.65	112.5
4	94.86	13.83	3 220.2	2202.3	1 242

由表 4-1 可知,该变电站如果一台变压器运行,则优先选用空载损耗最低的 3 号变压器运行;如果需要投入第二台变压器,则优先选用空载损耗次于最低损耗的 1 号变压器和 3 号变压器组合并列运行。

根据《电力变压器经济运行》(GB/T 13462—2008)中变压器经济负载系数计算公式,双绕组变压器在运行中的功率损耗率随着负载系数呈非线性变化,其非线性曲线的最低点即为变压器有功功率经济负载系数。

根据第 2 章的相关公式,结合变电站历史资料数据,负载波动损耗系数 K_{T1} 取 1.007,可以分别计算出 1 号、2 号、3 号变压器的经济负载系数分别为 0.466、0.473、0.34,临界负载系数分别为 0.217、0.214、0.116。

若该变电站三台变压器实际负载系数分别低于 0.217、0.214、0.116,则变压器处于负载过低的非经济运行状态。

变电站变压器经济运行方式的确定依据就是变压器的经济负载系数和临界负载系数。通过计算可以得出变电站变压器一台、两台、三台组合运行下变压器有功功率损耗特性区间,见表 4-3。

表 4-3　有功损耗特性区间

运行方式	临界优化功率(MV·A)	对应负载系数
3 号	39.25	0.654 2
1 号、3 号	72.32	0.602 2
1 号、2 号、3 号	—	—

从表 4-3 可以看出,3 号变压器单独运行时,当视在功率超过 39.25 MV·A 时(对应负载系数为 0.654 2),可投入 1 号变压器与 3 号变压器组合运行;当视在功率超过 72.32 MV·A 时(对应负载系数为 0.602 2),可将三台变压器全部投入运行。

2. 案例 2

1)基本情况

区域内负荷统计容量约为 2 300 kW,有两台 10 kV、型号为 S9-1250 变压器,其中 1 号变压器主供商业负荷,且空调负荷为 225 kW、泵类负荷为 130 kW、照明约为 150 kW、其他设备约为 260 kW;2 号变压器主供居民小区负荷,主要为生活负荷和公用照明负荷。两台变压器高压侧计量 TA 变比均为 150/5,低压侧计量 TA 变比均为 3 000/5。

某年 1—8 月,1 号、2 号两台变压器统计损耗情况见表 4-4。

从表 4-4 可见,1 号、2 号变压器 1—8 月统计损耗率均高达 9.6% 左右,损耗电量达到 15.282 万 kW·h。

为了准确查找变压器负载存在的问题,并考虑将来用户用电负荷的发展,这里选取某年 1—8 月最大负荷日作为代表日进行变压器负载系数及经济运行研究。通过电能量采集系统查到的数据计算得到:1 号变压器负载系数变化区间为 0.14 ~ 0.28,2 号变压器负载系数变化区间为 0.11～0.43,范围较宽。

表 4-4　某年 1—8 月变压器损耗情况统计表　　　（单位:万 kW·h）

类别		1月	2月	3月	4月	5月	6月	7月	8月	1—8月
1号	高压侧电量	5.382	4.08	3.621	3.573	4.587	7.599	12.49	13.62	54.95
	损耗电量	0.444	0.554	0.499	0.23	0.488	0.52	1.53	1.02	5.28
	损耗率(%)	8.25	13.59	13.79	6.45	10.65	6.85	12.23	7.47	9.61
2号	高压侧电量	14.52	12.2	16.8	10.25	9.41	10.38	14.71	15.99	104.26
	损耗电量	1.14	1.04	1.82	1.13	1.03	0.937	1.52	1.42	10.0
	损耗率(%)	7.79	8.51	10.79	10.98	10.88	9.03	10.34	8.83	9.59

S9-1250 型变压器的空载损耗 P_0 为 1.95 kW,负载损耗 P_K 为 11.7 kW,可以分别得出 1 号和 2 号变压器的有功功率经济负载系数分别为 0.41、0.39。

计算可得,1 号变压器的经济运行区为 $0.165 \leq \beta_1 \leq 1$,最佳经济运行区为 $0.22 \leq \beta_1 \leq 0.75$,非经济运行区为 $0 \leq \beta_1 < 0.22$; 2 号变压器的经济运行区为 $0.153 \leq \beta_1 \leq 1$,最佳经济运行区为 $0.20 \leq \beta_1 \leq 0.75$,非经济运行区为 $0 \leq \beta_1 < 0.20$。

由于 1 号变压器负载系数变化区间为 0.14～0.28,在负载系数低于 0.22 的时段变压器处于非经济运行区间; 2 号变压器负载系数变化区间为 0.11～0.43,在负载系数低于 0.20 的时段变压器也处于非经济运行区间。这就是说两台变压器均处于非经济运行状态。

由于选取的典型日为 1—8 月最大负荷日,因此不难得出结论:1 号变压器运行长期处于最劣运行区的非经济运行状态,2 号变压器在时间较短的负荷高峰时段运行可能处于经济运行区域,而一年中较多的平段负荷和低谷负荷时段是处于最劣运行区域的非经济运行状态。可见变压器损耗率高的主要原因是变压器负载系数低,变压器长期处在非经济运行状态的最劣运行区运行。

2)解决措施

方案 1:由一台变压器供两个区域负荷。

如果将两个变压器所供台区负荷整合成一个台区,由其中一台变压器供电,台区供电半径并没有改变,两台变压器负荷由一台变压器供电方案实施后,其负载系数为 0.25～0.70,并且高峰时段较长,在 11:00~24:00 时段的 13 个小时,负载系数均在 0.45,最大负荷叠加后负载系数也仅有 0.70,变压器完全处于最佳经济运行区域。

随着变压器负荷的增长,一台变压器可能会进入满载状态的非最佳经济运行区域,如何及时调整变压器运行方式,保持变压器时常处于经济运行状态,这是必须进行预先考虑的问题。那么,根据第 2 章变压器有功功率损耗相关计算公式可以得出:当配电所实际视在功率在 700 kV·A 及以下时,一台变压器运行比两台变压器运行有功损耗小,有功损耗功率在 2～5.5 kW,单台变压器运行经济;当配电所变压器视在功率大于 700 kV·A 时,两台变压器运行有功损耗功率较单台运行小,有功损耗功率在 5.5～10.5,两台变压器并列运行较为经济。因此,根据配电所负荷变化及时调整运行方式,可以长期保持变压器的经济运行。

方案 2:1 号台区选用 S9-630 型变压器、2 号台区选用 S9-800 型变压器。

两台大容量变压器由两台较小容量变压器替代的供电方案实施后,通过计算可知,对于 1 号变压器,其负载系数提高到 0.28~0.56;对于 2 号变压器,其负载系数提高到 0.18~0.67,变压器处于经济运行区域。但是,1 号变压器(S9-630 型)负载系数对应的损耗率区间在经济运行区域,其损耗率范围为 0.92%~0.98%;2 号变压器(S9-800 型)负载系数对应的损耗率区间在经济运行区域,其损耗率范围为 0.98%~1.30%。与方案 1 的单台 S9-1250 型变压器运行时的平均损耗率 0.86% 相比,损耗率偏高,如果再考虑新购变压器投资,其经济效益会更差,因此该方案不可取。

3)降损方案实施后的效益分析

某年 9 月,配电所按照方案 1 进行了负荷调整,将原来的两个区域两台变压器供电的负荷改为一台变压器供电,同时将变压器低压侧表计改造为远方抄表模式,实施后的高低压侧电量及相关数据见表 4-5。

表 4-5 方案 1 实施后配电所变压器损耗统计

类别	9 月	10 月	11 月	12 月	9—12 月
高压侧电量(万 kW·h)	17.85	11.83	13.45	16.26	59.39
低压侧电量(万 kW·h)	17.56	11.66	13.26	16.04	58.51
损耗率(%)	1.65	1.41	1.433	1.37	1.48

从表 4-5 可见,变压器 9—12 月平均损耗率为 1.48%,比 1—9 月统计的平均损耗率 9.6% 降低了 8.12%。配电所供电区域年供电量约为 220 万 kW·h,按照平均损耗率为 1.48% 计算,预计全年可节电 17.9 万 kW·h,折合人民币约 11.6 万元。可见,按照科学的变压器运行管理模式,时时保持变压器处于经济运行状态,对变压器降损节能具有重大意义。

4)结论

根据配电所实际情况,从节省投资和节约电能两个方面考虑,选用方案 1 既不用再投资,又可节约较多电能;如果有闲置或可调配的 S9-630 型和 S9-800 型变压器,选用方案 2 也可,但是节能效果不明显。

随着城市居民小区和用户负荷的快速发展,供电台区选用节能型大容量变压器,科学调配供电负荷,可大大降低台区变压器损耗率,节能空间巨大。

配电变压器数量多、范围广,是供电企业节能降损的关键环节。相关人员在降损工作中合理配置新型配电变压器型号,坚持"大容量、小半径"原则,使变压器负载率时刻处于经济运行区域,必将给供电企业带来巨大的经济效益,对节能降损工作做出更大贡献。

4.1.2 变电站主变压器损耗高的综合治理

所谓综合治理,是指在确保变压器安全运行及满足供电量和供电质量的基础上,在相同输送条件下,充分利用现有设备,更新能耗高的旧变压器,通过择优选取变压器,选择合理的运行方式,改善运行技术条件,调整负载,使变压器在效率最高、电耗最低的状态上运行。

1.案例情况

从某市线损统计分析报告可以知道,主变压器损耗电量占整个主网损耗电量的比例为 42.2% ~ 63.4%。从某年第一季度的线损分析发现,35 ~ 110 kV 变电站多数主变压器损耗率为 0.51% ~ 2.67%,处于较高损耗率状态。

根据历年来对该地区电网月度电量统计经验,每年的 3 月供电量处于该地区年度平均供电量水平。因此,进行典型负荷电流研究时,选取 3 月作为研究年度的代表月,选取 3 月的 5 日、15 日、25 日三天作为代表日,选择本地区所有变电站中变压器统计损耗率在 0.51% ~ 2.67% 的不同型号、不同容量、不同负载的主变压器作为研究对象。通过查找所确定的各个主变压器三天代表日的 24 h 整点主变压器高压侧运行电流数据,计算出这三天 24 h 整点电流平均值,作为代表日平均负荷电流数据 I_{av},然后取与对应主变压器额定电流 I_N 之比,即可得到各个主变压器不同时点的负载系数。

代表日各个主变压器 24 h 整点电流所对应的负载系数 β,见表 4-6。

表 4-6　代表日各主变压器 24 h 整点电流所对应的负载系数 β

时间	β										
	1 号	2 号	3 号	4 号	5 号	6 号	7 号	8 号	9 号	10 号	11 号
01:00	0.2	0.12	0.18	0.39	0.46	0.13	0.05	0.19	0.63	0.18	0.35
02:00	0.18	0.08	0.18	0.38	0.51	0.11	0.04	0.19	0.63	0.14	0.35
03:00	0.18	0.08	0.18	0.39	0.47	0.12	0.04	0.19	0.63	0.15	0.35
04:00	0.18	0.08	0.17	0.36	0.47	0.12	0.04	0.18	0.63	0.13	0.35
05:00	0.18	0.08	0.19	0.37	0.52	0.12	0.04	0.18	0.63	0.16	0.37
06:00	0.2	0.12	0.18	0.41	0.52	0.13	0.05	0.19	0.64	0.15	0.42
07:00	0.23	0.15	0.19	0.43	0.46	0.13	0.13	0.22	0.66	0.20	0.52
08:00	0.25	0.16	0.22	0.44	0.46	0.12	0.20	0.32	0.66	0.23	0.50
09:00	0.30	0.13	0.25	0.50	0.49	0.11	0.29	0.37	0.69	0.27	0.67
10:00	0.31	0.14	0.24	0.50	0.46	0.11	0.33	0.37	0.68	0.23	0.69
11:00	0.32	0.14	0.26	0.52	0.47	0.11	0.33	0.36	0.70	0.28	0.69
12:00	0.30	0.13	0.22	0.46	0.51	0.09	0.31	0.32	0.68	0.25	0.46
13:00	0.27	0.11	0.21	0.45	0.55	0.10	0.25	0.32	0.67	0.24	0.59
14:00	0.27	0.14	0.24	0.48	0.55	0.13	0.30	0.32	0.66	0.24	0.62
15:00	0.27	0.14	0.26	0.51	0.46	0.15	0.31	0.35	0.64	0.33	0.67
16:00	0.26	0.14	0.25	0.51	0.32	0.13	0.32	0.35	0.63	0.33	0.68
17:00	0.26	0.18	0.25	0.51	0.32	0.13	0.29	0.35	0.64	0.27	0.65
18:00	0.28	0.19	0.22	0.52	0.30	0.13	0.26	0.35	0.63	0.24	0.45
19:00	0.35	0.22	0.23	0.54	0.30	0.11	0.22	0.17	0.65	0.21	0.38

时间	β										
	1 号	2 号	3 号	4 号	5 号	6 号	7 号	8 号	9 号	10 号	11 号
20：00	0.35	0.21	0.24	0.51	0.33	0.11	0.17	0.17	0.68	0.23	0.35
21：00	0.34	0.21	0.24	0.50	0.34	0.11	0.15	0.17	0.67	0.24	0.35
22：00	0.30	0.18	0.22	0.46	0.34	0.13	0.11	0.15	0.68	0.24	0.33
23：00	0.24	0.14	0.21	0.41	0.27	0.15	0.06	0.15	0.65	0.22	0.34
24：00	0.20	0.12	0.18	0.39	0.46	0.13	0.05	0.14	0.63	0.20	0.35

2. 变电站主变压器运行经济性分析

1）变压器负载系数特性分析

（1）北部地区主变压器负载系数分析。4 号主变压器负荷较为平稳，08：30—21：00 负载系数为 0.48 左右，低谷时为 0.4 左右；5 号主变压器负荷较为平稳，但是时段性较强，00：00—14：30 负载系数为 0.48 左右，低谷时为 0.33 左右；6 号主变压器负荷平稳，负载系数小，为 0.13 左右；7 号主变压器负荷不平稳，08：30—20：00 负载系数为 0.25 左右，低谷时为 0.05 左右；9 号主变压器 08：00—23：30 高峰段负载系数为 0.25 左右，低谷时为 0.15 左右；10 号主变压器 08：30—20：00 高峰段负载系数为 0.55 左右，低谷时为 0.4 左右。

（2）中部地区主变压器负载系数分析。1 号主变压器负荷有稍微时段性，08：30—22：30 负载系数为 0.3 左右，低谷时为 0.2 左右；2 号主变压器与 1 号主变压器类似，只是高峰时段负载系数小，为 0.15 左右；2 号主变压器负荷较为平稳，负载系数为 0.23 左右。

（3）南部地区主变压器负载系数分析。3 号和 11 号主变压器负荷时段性较强，08：00~18：30 负载系数为 0.33 左右，低谷负载系数为 0.2 左右；8 号主变压器受所供大用户水泥企业影响，负荷平稳，负载系数为 0.65 左右。

根据变压器空载损耗和负载损耗参数，参照变压器运行区间划分规则，可以初步确定变压器的经济负载系数和经济运行区间负载系数下限值，然后与实际负载系数波动范围比较。变电站主变压器经济运行负载系数下限与实际负载系数对比见表 4-7。

表 4-7　变电站主变压器经济运行负载系数下限与实际负载系数对比

主变压器序号	变压器规格型号	电压等级（kV）	经济运行负载系数	经济运行负载系数下限值	实际负载系数范围	结论
1 号	SFZ9-31500	110	0.47	0.22	0.18～0.35	不经济
2 号	SFZ7-31500	110	0.54	0.29	0.08～0.22	很不经济
3 号	SFSZ9-31500	110	0.49	0.24	0.18～0.26	不经济
4 号	SFSZ9-31500	110	0.49	0.24	0.35～0.55	合理
5 号	SFSZ9-31500	110	0.45	0.2	0.25～0.56	合理
6 号	SFSZ9-31500	110	0.433	0.188	0.04～0.33	不经济

续表

主变压器序号	变压器规格型号	电压等级（kV）	经济运行负载系数	经济运行负载系数下限值	实际负载系数范围	结论
7 号	SFSZ9-31500	110	0.434	0.19	0.1~0.15	很不经济
8 号	SFSZ9-31500	110	0.41	0.16	0.18~0.35	不经济
9 号	SFZ9-40000	110	0.47	0.22	0.63~0.70	合理
10 号	SZ9-5600	35	0.472	0.223	0.13~0.33	不经济
11 号	SZ9-5600	35	0.466	0.217	0.35~0.69	合理

注："不经济"是指变压器负载系数范围中存在低于变压器经济运行负载系数下限值的情况；"很不经济"是指变压器负载系数范围中完全低于变压器经济运行负载系数下限值；"合理"是指变压器负载系数范围完全高于变压器经济运行负载系数下限值。

从表 4-7 的结论栏可以看出,4 号、5 号、9 号和 11 号共四台主变压器处于经济运行的合理状态,其他七台主变压器都处于非经济运行状态,尤其是 2 号、7 号主变压器完全处于严重的不经济状态,这种多数变压器运行于非经济运行状态的现状就是主变压器损耗率高的原因。

2)降损措施

(1)对于空载损耗占主导的负荷区域降低电压运行。

按照电网经济运行理论,当电网的负载损耗与空载损耗之比小于 1 时,降低运行电压有降损节能效果,即轻负荷状态降压运行能够降损。当电网的负载损耗与空载损耗之比大于 1 时,提高运行电压有降损节能效果。

算例中多数变电站均处于轻负荷状态运行,目前 110 kV 变电站母线电压为 118 kV 左右,如果将 110 kV 变电站母线电压降低为 113 kV,在输送负荷不变的情况下,降压前后的功率损耗为

$$\Delta P\% - \left(1 - \frac{U_{N2}^2}{U_{N1}^2}\right)\% = 8.3\%$$

其中,ΔP 为损耗；U_{N1} 为降压前电压；U_{N2} 为降压后电压。

可见,实行调压后,节能效果比降压前损耗电量要降低 8.3%;按照当前主变压器损耗情况估算,每年可以节约电能至少 22 万 kW·h。

(2)调整更换高耗能主变压器。

2 号主变压器是 SFZ7 型变压器,经济运行区损耗率比 SFZ9 型变压器损耗率高 0.13%,非经济运行区损耗率比 SFZ9 型变压器损耗率高 0.35%。2 号变压器当前负载系数为 0.08~0.22,处于非经济运行状态,按照目前负荷统计,一年供电量约为 5 000 万 kW·h,如果更换为 SFZ9 型变压器,每年将节约电能 17.5 万 kW·h。

(3)优先投运空载损耗小的变压器。

(4)进行"避峰移谷"的经济调度。

对于峰谷差较大的变电站,采取"避峰移谷"措施,使变压器避开最劣或不良运行状态,保持变压器的经济运行。

（5）合理调配负荷。

一是对介于两个变电站中间的负荷,要优先安排负载系数小的变电站供电;对于新增加用户,在条件具备时,也要优先确定负载系数小的变电站供电作为第一供电方案。

二是加强负载系数小的变电站供电区的电力市场开拓,不仅具有增供效益,而且具有降损效果。

4.2　输电线路技术降损解决方案

输电线路是电力网的骨干网架,输送容量大、送电距离远、线路电压等级高。输电线路按照架设方式可分为架空输电线路和电缆输电线路,由于架空输电线路具有造价低、建设速度快、运行维护方便等显著特点,因此输电线路中除特殊情况外,架空输电线路占绝大多数。输电线路按照电压等级可分为特高压输电线路、超高压输电线路和高压输电线路,其中800 kV 及以上直流或 1 000 kV 及以上交流输电线路称为特高压输电线路,330～750 kV(通常是 500 kV)的输电线路称为超高压输电线路,35～220 kV 的输电线路称为高压输电线路。架空输电线路的结构主要包括杆塔及其基础、导线、地线、绝缘子、线路金具、拉线、接地及防雷装置等。从架空线路的构成可以看出,输电线路的损耗主要包括导线电阻损耗、导线及金具电晕损耗、绝缘泄漏损耗等。

4.2.1　输电线路经济运行

科学合理地进行输电网调度,可以优化每条输电线路的潮流分配与流向,促使输电线路经济运行。运行电网中输电线路的降损节能重点措施主要包括以下内容:

（1）输电线路运行经济性评价;

（2）合理调整、调控线路电压;

（3）调控负荷点无功补偿、提高线路负荷侧功率因数,减少无功电力的流动;

（4）合理分流线路负荷,均衡输电线路电流;

（5）坚持带电作业与状态检修,保持电网正常运行方式。

1. 输电线路运行经济性评价

1)输电线路负载系数

反映输电线路负载水平的指标是输电线路导线的负载系数,简称线路负载系数,也有人习惯称之为线路负载率。同变压器、电动机等设备负载系数一样,输电线路负载系数是指输电线路实际运行的负载量(实际功率或电流)与输电线路允许的最大安全负载量(最大允许输送功率或安全电流)之比。输电线路负载系数也存在经济负载系数问题。

输电线路的经济负载系数与变压器的经济负载系数的确定与评价方法不同,变压器的固定损耗占变压器总损耗的比重较大,使得变压器损耗率随其负载系数的变化而呈一个曲线状态,变压器损耗率的负载特性曲线存在一个最低点,即最佳经济负载系数点;而输电线路的固定损耗主要是导线线夹以及其他不平滑的导体产生不均匀电场进而形成的电晕损耗以及绝缘子的泄漏损耗,它的损耗值占线路总损耗的比重非常小,因此输电线路线损率的负载特性曲线几乎是随着导线负载电流的变化而变化的一条直线。可见输电线路的线损率越小,并不意味着该输电线路运行就越经济。

2)输电线路负载系数经济性判定

输电线路的经济运行水平与线路电压等级,线路导线材质、截面面积,线路输送功率大小,线路输送距离以及线路末端功率因数状况等因素有关。某输电线路一经投运,其电压等级、导线电阻、电抗等参数就是一个固定值。因此,输电线路的经济运行水平主要取决于其实际运行负载系数。

判定输电线路负载是否处于经济状态,主要依据是输电线路导线的负载电流是否接近经济电流密度所对应的电流值。也就是说,当输电线路导线的负载电流越接近经济电流密度对应的电流值时,该输电线路运行越经济,或者说输电线路处于经济运行状态;否则,当输电线路导线运行的负载电流越偏离经济电流密度对应的电流值时,该输电线路运行的经济性就越差,或者说输电线路处于非最佳经济运行状态。

3)输电线路导线的经济电流密度

导线截面面积的大小直接影响着线路的投资和电能损耗,为了节省投资,要求导线截面面积小些;为了降低损耗,要求导线截面面积大些。从降低损耗、减少建设投资和节约有色金属、降低运行维护费用等多方面因素综合考虑,确定符合总体经济利益的导线截面面积,称为经济截面面积,与其相对应统一规定的电流密度称为经济电流密度。经济电流密度是通过各种经济、技术、生产比较而得出的最合理的电流密度。因此,经济电流密度的物理含义为当线路流过的电流为经济电流密度时,输电线路运行最经济,即采用这一电流密度可使线路全周期投资、损耗、运行费用综合最小。

对于输电线路,只有当线路的电流大于经济电流密度,并且接近线路额定电流的80%时,通常定义为线路潮流重载,此时应考虑对线路进行扩容改造或建新的线路。

输电线路所选用的导线绝大多数都是铝线、铝绞线或各种类型的钢芯铝绞线等材料,这些材料的经济电流密度均适用于同一种经济电流密度标准。经济电流密度的1956年部颁标准值和现阶段学者推荐值,见表4-8。

表 4-8 经济电流密度标准值与推荐值 （单位:A/mm²）

各类铝绞线	年最大负荷利用时间(h)		
	3 000 以内	3 000~5 000	5 000 以上
1956 年部颁标准值	1.65	1.15	0.90
现阶段学者推荐值	0.81	0.59	0.42

根据导线经济电流密度可以推算出该导线所在输电线路的经济输送容量,与该导线最大允许输送容量比较,确定不同截面面积导线所构成的线路经济输送容量区间。不同电压等级、不同导线截面面积的常用钢芯铝绞线的经济输送容量,见表4-9。

表4-9　常用钢芯铝绞线经济输送容量　　　　　　（单位：MV·A）

导线规格型号	最大允许负荷（MV·A）			年最大负荷利用时间（h）/35 kV						年最大负荷利用时间（h）/110 kV					
	电流（A）	35 kV	110 kV	< 3 000		3 000～5 000		> 5 000		< 3 000		3 000～5 000		> 5 000	
				1956	现行	1956	现行	1956	现行	1956	现行	1956	现行	1956	现行
LGJ-150	445	27	85	15	7	10	5	8	4	47	23	33	17	26	12
LGJ-185	515	31	98	19	9	13	7	10	5	58	29	41	21	32	15
LGJ-240	610	37	116	24	12	17	9	13	6	75	37	53	27	41	19
LGJ-300	710	—	135	—	—	—	—	—	—	94	46	66	34	51	24
LGJ-400	845	—	161	—	—	—	—	—	—	126	62	88	45	69	32

注：1. "最大允许负荷"栏所列数据表示依据导线最大安全电流换算成不同电压等级输电的最大输送容量；

2. "1956"栏所列数据表示依据当时电力工业部部颁经济电流密度标准所换算得到的经济输送容量，"现行"栏所列数据表示依据当今经济发展状况所推荐的经济电流密度标准换算得到的经济输送容量；

3. 对于公用输电线路，根据年最大负荷利用小时数所属的区间范围，通过表中数据可以查出其经济输送容量大小，通常情况下年最大负荷利用小时数小于3 000的输电线路占多数；

4. "—"表示"不存在或不合理"。

4）输电线路的输送功率与输送距离

输电线路的输送功率大小与输电线路电压等级、输电线路结构、输电线路输送距离密切相关。35 kV 及 110 kV 输电线路合理的输送功率和输送距离，见表4-10。

表4-10　输电线路合理的输送功率和输送距离

额定电压（kV）	线路结构	输送功率（MW）	输送距离（km）
35	架空线路	2～10	10～40
110	架空线路	10～50	50～120

5）输电线路负载系数的经济性判定

输电线路经济负载系数可用输电线路导线经济电流与导线最大允许负荷电流之比表示。导线经济电流可通过经济电流密度求得，因此人们可以根据导线经济电流密度推算出该输电线路导线的经济负载电流，再与该导线最大允许电流比较，确定不同截面面积导线所构成的线路经济负载系数区间。不同截面面积常用钢芯铝绞线的经济负载电流与经济负载系数详见表4-11。

表4-11　常用钢芯铝绞线的经济负载电流与经济负载系数

导线规格型号	最大允许电流（A）	经济负载电流						经济负载系数 β（占安全电流的比例）					
		< 3 000（h）		3 000～5 000（h）		> 5 000（h）		< 3 000（h）		3 000～5 000（h）		> 5 000（h）	
		1956	现行	1956	现行	1956	现行	1956	现行	1956	现行	1956	现行
LGJ-150	445	248	122	173	89	135	63	0.56	0.27	0.39	0.20	0.30	0.14

续表

导线规格型号	最大允许电流（A）	经济负载电流						经济负载系数 β（占安全电流的比例）					
		< 3 000(h)		3 000~5 000(h)		> 5 000(h)		< 3 000(h)		3 000~5 000(h)		> 5 000(h)	
		1956	现行	1956	现行	1956	现行	1956	现行	1956	现行	1956	现行
LGJ-185	515	305	150	213	109	167	78	0.59	0.29	0.41	0.21	0.32	0.15
LGJ-240	610	396	194	276	142	216	101	0.65	0.32	0.45	0.23	0.35	0.17
LGJ-300	710	495	243	345	177	270	126	0.70	0.34	0.49	0.25	0.38	0.18
LGJ-400	845	660	324	460	236	360	168	0.78	0.38	0.54	0.28	0.43	0.20

注：1.“最大允许电流”栏所列数据表示导线允许的最大安全电流；

2.“1956”栏所列数据表示依据当时电力工业部颁经济电流密度标准所换算得到的经济电流，“现行”栏所列数据表示依据当今经济发展状况所推荐的经济电流密度标准换算得到的经济电流。

3.“经济负载系数”栏表示对应“年最大负荷利用时间”条件下，不同截面导线的经济负载系数。

根据表 4-11 中的数据，采取 1956 年部颁标准与现行推荐值相结合的办法，确定输电线路经济负载系数区间。由于输电线路“年最大负荷利用时间”绝大多数属于小于 5 000 h 范围，因此可以用大于 5 000 h 的“现行”栏所列推荐值作为经济运行负载系数的最低限值，以小于 3 000 h 的“1956”栏部颁标准值作为经济运行负载系数的最高限值。

我们可以进行如下规定：当输电线路导线的负载系数大于 0.78 或小于 0.15 时，表示该线路处于非经济运行状态；当输电线路导线的负载系数介于“< 3 000”栏的“1956”栏对应值与“3 000 ~ 5 000”栏的“现行”栏对应值之间时，表示该线路处于经济运行状态；当输电线路导线的负载系数介于“< 3 000”栏的“1 956”栏对应值与 0.78 之间或者介于 0.15 与“3 000 ~ 5 000”栏的“现行”栏对应值之间时，表示该线路处于运行合理状态。

下面以 185 mm² 截面面积导线为例进行说明。

当经济负载系数 β > 0.78 或 β < 0.15 时，输电线路运行处于非经济运行状态，判定线路运行不经济。

当经济负载系数 0.21 ≤ β ≤ 0.59 时，输电线路运行处于最佳经济运行状态，判定线路运行经济。

当经济负载系数 0.15 < β < 0.21 或者 0.59 < β < 0.78 时，输电线路运行处于合理的经济运行区间，判定线路运行合理。

2. 合理调控运行电压

提高运行电压或降低运行电压都可能使电网损耗降低，若调整不当也会使损耗增加，关键在于合理调压。

输电线路的功能是输送电能，它不可能孤立运行，通常在负荷端连接有变电站变压器，这样就构成了电力网的一部分。电力网的损耗包括与电压的平方成反比的可变损耗（如导线、变压器的电阻），也包括与电压平方成正比的固定损耗（如变压器铁损、线路电晕损耗）。因此，需要区别具体情况，合理调整运行电压，才能达到降损节能目的。一般地，对于负荷率高、可变损耗比重较大的输电线路或输电网，在允许范围内适当提高运行电压有利于降损；

相反,适当降低运行电压有利于降损。

当电压提高 5% 时,有功损耗将降低 9.3%。若有功损耗占电网总损耗的 80%,则电网总损耗将降低 7.4%。电网总损耗中,20% 是变压器的空载损耗和线路电晕损耗,当电压提高 5%,而变压器的工作分接头保持不变时,变压器空载损耗将增加约 10%,这样电网总损耗将增加 1.5%～2%。如果变压器工作分接头随着电网电压的变化而相应改变,则这部分损耗几乎保持不变。

电网电压提高与电网损耗的关系见表 4-12。

表 4-12　电网电压提高与电网损耗的关系

电压提高百分数(%)	1	3	5	7	10
可变损耗降低百分数(%)	2	5.7	9	12.4	17.4
空载损耗增加百分数(%)	2	6	10	14.5	21
总损耗降低百分数(%)	1.2~1.4	3.4~4.0	5.2~6.2	7.0~8.3	9.7~11.6

3. 调控负荷侧无功,提高功率因数

合理调控输电线路负荷侧无功补偿,提高线路负荷侧功率因数,做到无功电力就地平衡,可以减少无功电流在线路中的流动量,从而降低线路损耗。

当线路负荷侧功率因数由改善前的 $\cos\varphi_1 = 0.90$ 提高到改善后的 $\cos\varphi_2 = 0.98$ 时,该线路有功损耗降低百分数将为 15.66%。

4. 保持正常运行方式,实施带电作业

电网正常运行时的接线方式一般都是比较安全和经济的运行方式,它一方面考虑了线路设备故障时变电站负荷的互为转带,另一方面考虑了变电站负荷的均衡分流,尽可能均衡每条输电线路的负荷密度。如果遇到线路设备停电检修,就会改变原来经济的运行方式,这样不但会降低电网运行的可靠性,还会造成电网损耗的增加。因此,如果输电线路的日常缺陷、障碍能够用带电作业方式来解决,那么不仅可以减少输电线路停电时间,保持电网运行的可靠性,还会增加供电量,减少输电线路的电能损耗。

5. 案例分析

某 110 kV 变电站有两台容量为 40 MV·A 的主变压器,其接线电源分别由某 220 kV 变电站的 Ⅰ、Ⅱ 两条 110 kV 输电线路供电。变电站所供负荷既有大工业冶炼企业,也有峰谷差较大的农业抗旱负荷。其中,Ⅰ、Ⅱ 高压线路导线型号均为 LGJ-185,长度分别为 29.3 km、28.6 km,年最大利用小时数均在 3 800 h 左右。某年 4 月某日为月度负荷代表日,两条线路的代表日运行数据见表 4-13。

表 4-13　Ⅰ、Ⅱ线路代表日运行数据

线路名称	首端电压（kV）	平均电流（A）	最小电流（A）	最大电流（A）	末端功率因数
Ⅰ	118	172.45	130.00	228.42	0.93
Ⅱ	118	158.50	89.40	215.30	0.94

试分别回答以下问题。

（1）在正常运行方式下，评价代表日Ⅰ、Ⅱ线路运行的经济性。

（2）若线路末端功率因数提高到 0.98，分别计算两条线路的降损效果。

（3）若代表日输电线路进行缺陷处理，Ⅰ线路停电 10 h，停电期间 110 kV 变电站负荷全部由Ⅱ线路供电，试计算停电期间输电线路的损耗比正常运行方式增加了多少？并对停电期间Ⅱ线路运行的经济性进行评价（此时的Ⅱ线路负荷可按照两条线路正常运行方式时的最大与最小极限电流值相加考虑）。

1）代表日Ⅰ、Ⅱ高压线路运行的经济性评价

（1）输电距离和输送容量的合理性评价。Ⅰ、Ⅱ线路长度分别为 29.3 km 和 28.6 km，均小于 50 km，满足 110 kV 电压等级合理输送距离的要求；Ⅰ、Ⅱ线路所带负荷在最大负载功率情况下均小于 40 MV·A，满足输送容量最大限度 50 MV·A 的要求。因此，Ⅰ、Ⅱ线路在正常运行方式下输电距离和输送容量均为合理。

（2）计算线路负载系数。由表 4-9 可以查得，Ⅰ、Ⅱ线路 LGJ-185 型导线的最大允许电流为 515 A，根据表 4-11 数据，可以算出Ⅰ线路的平均负载系数和最小负载系数分别为 0.33 和 0.25；Ⅱ线路的平均负载系数和最大负载系数分别为 0.31 和 0.17。

（3）Ⅰ、Ⅱ线路运行的经济性评价。Ⅰ线路的平均负载系数和最小负载系数分别为 0.33 和 0.25，均处于 0.21～0.59，满足"当负载系数 $0.21 \leqslant \beta \leqslant 0.58$ 时，输电线路运行处于最佳经济运行状态"要求，判定Ⅰ线路运行经济。Ⅱ线路的平均负载系数和最小负载系数分别为 0.31 和 0.17，最小负载时段不满足最佳经济运行状态负载系数 $0.21 \leqslant \beta \leqslant 0.59$ 的要求，但是大于 0.15，因此判定Ⅱ线路运行合理。

2）线路末端功率因数提高到 0.98 时，两条线路的降损效果计算

（1）Ⅰ、Ⅱ线路负荷波动系数计算。

Ⅰ、Ⅱ线路的平均负荷率为

$$\gamma_1 = I_{av1} / I_{m1} = 172.45 / 228.42 = 0.755 > 0.5$$

$$\gamma_2 = I_{av2} / I_{m2} = 158.50 / 215.30 = 0.736 > 0.5$$

Ⅰ、Ⅱ线路的最小负荷率为

$$\gamma_{min1} = I_{min1} / I_{m1} = 130.00 / 228.42 = 0.569$$

$$\gamma_{min2} = I_{min2} / I_{m2} = 89.40 / 215.30 = 0.415$$

根据负荷率与负载波动损耗系数的关系，当负荷率 $\gamma > 0.5$ 时，可根据相应负载波动损耗系数表查出与最小负荷率对应的Ⅰ、Ⅱ线路负载波动损耗系数，即 K_{T1} 为 1.025、K_{T2} 为 1.057，K_T 为负载波动系数的表示方式。

（2）Ⅰ、Ⅱ高压线路代表日线路损耗计算。LGJ-185 型导线单位长度电阻为 0.17 Ω，由线路电阻形成的日损耗电量计算如下。

Ⅰ线路为

$$\Delta A_{R1} = 3K_{T1}I_{av1}^2 RT \times 10^{-3}$$
$$= 3 \times 1.025 \times 172.45^2 \times 0.17 \times 29.3 \times 24 \times 10^{-3}$$
$$= 10\,932\ \text{kW·h}$$

Ⅱ线路为

$$\Delta A_{R2} = 3K_{T2}I_{av2}^2 RT \times 10^{-3}$$
$$= 3 \times 1.057 \times 158.50^2 \times 0.17 \times 28.6 \times 24 \times 10^{-3}$$
$$= 9\,296\ \text{kW·h}$$

考虑线路存在电晕及绝缘子泄漏损耗，该两项因素合计影响按照电阻损耗的 5% 估算后，计算如下。

线路综合损耗电量为

$$\Delta A_{Z1} = 1.05 \times \Delta A_{R1} = 1.05 \times 10\,932 = 11\,479\ \text{kW·h}$$
$$\Delta A_{Z2} = 1.05 \times \Delta A_{R2} = 1.05 \times 9\,296 = 9\,761\ \text{kW·h}$$

（3）线路末端功率因数提高到 0.98 时，两条线路的降损效果计算。Ⅰ、Ⅱ线路正常运行情况下功率因数分别为 0.93、0.94，线路末端功率因数提高到 0.98 时，两条线路的降损效果分别计算如下。

Ⅰ线路的降损电量为

$$\Delta A = \Delta A_{Z1}\left(1 - \frac{\cos^2 \varphi_1}{\cos^2 \varphi}\right) = 11\,479 \times \left(1 - \frac{0.93^2}{0.98^2}\right)$$
$$= 1141.4\ \text{kW·h}$$

Ⅱ线路的降损电量为

$$\Delta A = \Delta A_{Z2}\left(1 - \frac{\cos^2 \varphi_2}{\cos^2 \varphi}\right) = 9\,761 \times \left(1 - \frac{0.94^2}{0.98^2}\right)$$
$$= 780.5\ \text{kW·h}$$

3）Ⅰ线路停电期间，Ⅱ线路线损的增加和经济性评价

Ⅰ线路停电期间，Ⅱ线路负荷的增加按照极限叠加，即最大、最小与平均分别相加求得Ⅱ线路负荷增加后的最大、最小和平均电流值分别为 443.72 A、219.40 A、330.95 A。此时，Ⅱ线路的平均负荷率为

$$\gamma = I_{av} / I_m = 330.95 / 443.72 = 0.746 > 0.5$$

Ⅱ线路的最小负荷率为

$$\lambda_{min} = I_{min} / I_m = 219.40 / 443.72 = 0.49$$

与最小负荷率对应的Ⅱ线路负载波动损耗系数 K_T 是 1.039。

此时，Ⅱ线路由线路电阻形成的损耗电量计算如下。

$$\Delta A_R = 3K_T I_{av}^2 RT \times 10^{-3}$$

$$= 3 \times 1.039 \times 330.95^2 \times 0.17 \times 28.6 \times 10 \times 10^{-3}$$

$$= 16\ 599\ \text{kW} \cdot \text{h}$$

假设 Ⅰ 线路停运 10 h, Ⅱ 线路不转带其他负荷而保持其原来负荷水平时, 其 10 h 的损耗为

$$A_R = 3K_{T2}I_{av2}^2 RT \times 10^{-3}$$

$$= 3 \times 1.057 \times 158.5^2 \times 0.17 \times 28.6 \times 10 \times 10^{-3}$$

$$= 3\ 873\ \text{kW} \cdot \text{h}$$

可见, Ⅰ 线路停电期间、Ⅱ 线路负荷的增加使得其损耗增加量和增加率分别为

$$增加量 = 16\ 599 - 3\ 873 = 12\ 726\ \text{kW} \cdot \text{h}$$

$$增加率 = (12\ 726 / 3\ 873) \times 100\% = 328.6\%$$

可见, 停电期间输电线路的损耗比正常运行方式增加了 12 726 kW·h, 其是正常运行方式损耗电量的 3 倍多。

Ⅰ 线路停电期间, Ⅱ 线路的平均负载系数、最小负载系数和最大负载系数分别为 0.64、0.43 和 0.86, 最小负载时段满足 "负载系数 $0.21 \leqslant \beta \leqslant 0.59$" 的运行经济条件要求, 平均负载时段满足 $0.59 < \beta < 0.78$ 的运行合理条件要求, 而在高峰负载时段处于大于 0.78 负载系数的非经济运行状态, 并且根据上述停电期间 Ⅱ 线路负荷的增加使得其损耗增加量和增加率大幅度增加的情况, 判定 Ⅱ 线路停电期间运行不经济。

4.2.2　输电线路节能技术及产品应用

1. 节能导线

输电线路损耗主要由电晕损耗和电阻损耗组成, 在电晕损耗基本相同的情况下, 输电损耗主要由导线的直流电阻决定。在交流输电中, 还有少量的集肤效应和铁芯引起的损耗, 这一部分损耗占输电损耗的 2% ~ 5%。因此, 可以说导线直流电阻的大小决定了输电线路损耗的多少。

节能类导线与普通钢芯铝绞线(图 4-1)相比, 在等外径(等总截面面积)应用条件下, 通过减小导线直流电阻, 提高导线导电能力, 减少输电损耗, 达到节能效果。目前, 提出普及推广应用的节能类导线主要包括钢芯高电导率硬铝绞线(图 4-2)、铝合金芯铝绞线(图 4-3)和中强度全铝合金绞线(图 4-4)三种。

钢芯高电导率硬铝绞线采用 63%IACS(国际船级社协会, International Association of Classification Societies)高电导率铝线(国际退火铜电导率为 100%IACS)替代普通钢芯铝绞线中的 61%IACS 铝线, 与截面面积相同的普通钢芯铝绞线相比, 由于铝线导电率的提高, 可使导线整体直流电阻值降低、导电能力提高、电能损耗减少。

铝合金芯铝绞线采用 53%IACS 高强度铝合金芯替代普通钢芯铝绞线中的钢芯和部分铝线, 导线外部铝线与普通钢芯铝绞线铝线相同。在等总截面面积应用条件下, 由于基本无导电能力的 9%IACS 钢芯被铝合金芯替代, 所以铝合金芯铝绞线的直流电阻比普通钢芯铝

绞线更小,因此提高了导电能力。

中强度全铝合金绞线全部采用 58.5%IACS 中强度铝合金与等总截面面积的普通钢芯铝绞线相比,同样由于铝合金材料替代钢芯,相当于增大了导线的导电截面面积,使导线的整体直流电阻降低,提高了导电能力。

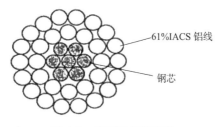

图 4-1　普通钢芯铝绞线

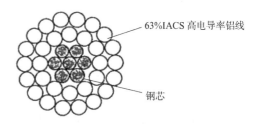

图 4-2　钢芯高电导率硬铝绞线

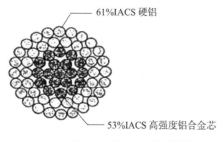

图 4-3　铝合金芯铝绞线

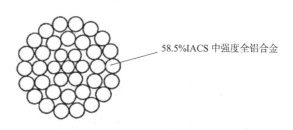

图 4-4　中强度全铝合金绞线

三种节能导线都具有减少输电损耗、提高导线电导率的节能特性。与普通钢芯铝绞线相比:在同样的风速条件下,承受的风荷载基本相同;覆冰过载能力均可达到 20 mm 左右冰厚,可在轻、中冰区使用;由于电气性能的一致性,在海拔及污秽等级的适用范围方面也相同。

铝合金芯铝绞线、中强度全铝合金绞线由于单位长度质量轻,导线垂直荷载小于普通钢芯铝绞线,工程应用时可减小杆塔荷载。其中,中强度全铝合金绞线具有良好的弧垂特性,可降低杆塔的使用高度,体现出节能导线的工程应用优势。

三种节能导线较普通钢芯铝绞线,导线单位长度计价高 5%～15%,经对比计算分析,采用节能导线每年所减少的输电损耗所带来的收益,预计可在 5～10 年收回因采用节能导线增加的投资。

（1）钢芯高电导率硬铝绞线技术参数见表 4-14。

表 4-14　钢芯高电导率硬铝绞线技术参数（参考）

导线型号	标称截面面积（铝/钢）	钢比（%）	截面面积（mm）			单线根数		单线直径（mm）		直径（mm）		单位长度质量（kg/km）	额定拉断力（kN）	直流电阻（20℃）（Ω/km）	备注：对应钢芯铝绞线截面
			铝	钢	总和	铝	钢	铝	钢	钢芯	绞线				
JL（GD）/GlA-245/30	245/30	13	24.1	31.7	276.0	24	7	3.60	2.40	7.2	21.6	922.0	75.19	0.118 2	240/30
JL（GD）/GlA-240/40	240/40	16	23.9	38.9	277.7	26	7	3.42	2.66	7.98	21.7	963.5	83.76	0.120 9	240/40
JL（GD）/GlA-300/25	300/25	9	30.6	27.1	333.3	48	7	2.85	2.22	6.66	23.8	1 057.9	83.76	0.094 4	300/25
JL（GD）/GlA-300/40	300/40	13	30.0	38.9	339.0	24	7	3.99	2.66	7.98	23.9	1 132.6	92.36	0.096 2	300/40
JL（GD）/GlA-400/35	400/35	9	39.1	34.4	425.2	48	7	3.22	2.5	7.5	26.8	1 348.7	103.67	0.073 9	400/35
JL（GD）/GlA-400/50	400/50	13	40.0	51.8	451.5	54	7	3.07	3.07	9.21	27.6	1 510.5	122.95	0.072 4	400/50
JL（GD）/GlA-500/45	500/45	9	48.9	43.1	531.7	48	7	2.60	2.80	8.4	30.0	1 687.0	127.31	0.059 1	500/45
JL（GD）/GlA-630/45	630/45	7	62.9	43.4	672.8	45	7	4.22	2.81	8.43	33.8	2 078.4	150.19	0.045 9	630/45

（2）铝合金芯铝绞线技术参数见表 4-15。

表 4-15　铝合金芯铝绞线技术参数（参考）

导线型号	截面面积（mm）			单线根数		直径（mm）		单位长度质量（kg/km）	额定拉断力（kN）	直流电阻（20℃）（Ω/km）	导线弹性模量（GPa）	导线热胀系数（×10⁻⁶/℃）	备注:对应钢芯铝绞线截面
	铝	钢	总和	铝	钢	钢芯	绞线						
JL/LHA1-135/140	134.11	141.56	275.67	18	19	3.08	21.56	761.2	65.16	0.112 49	55	23	240/30
JL/LHA1-135/145	135.86	143.41	279.26	18	19	3.1	21.7	771.2	66.01	0.111 04	55	23	240/40
JL/LHA2-165/170	163.43	172.51	335.93	18	19	3.4	23.8	927.6	74.49	0.091 89	55	23	300/25
JL/LHA2-165/175	165.35	174.54	339.9	18	19	3.42	23.94	938.6	75.37	0.090 82	55	23	300/40
JL/LHA2-210/220	207.38	218.9	426.28	18	19	3.83	26.81	1177.1	94.53	0.072 42	55	23	400/35
JL/LHA1-220/230	219.46	231.65	451.11	18	19	3.94	27.58	1245.7	104.44	0.068 74	55	23	400/50
JL/LHA1-365/165	365.79	165.48	531.26	18	19	3.33	29.97	1467	109.62	0.056 56	55	23	500/45
JL/LHA1-465/210	463.88	202.85	673.73	18	19	3.75	33.75	1860.4	137.02	0.044 60	55	23	630/45

注:硬铝电导率为 61.5%IACS。

（3）中强度全铝合金绞线技术参数见表 4-16。

表 4-16　中强度全铝合金绞线技术参数（参考）

导线型号	标称截面面积（mm²）	实际截面面积（mm²）	铝合金单线根数	直径(mm)		单位长度质量（kg/km）	额定拉断力（kN）	直流电阻（20℃）（Ω/km）	导线弹性模量（GPa）	导线热胀系数（×10⁻⁶/℃）	备注:对应钢芯铝绞线截面
				单线	绞线						
JLHA3-275	275	275.62	37	3.08	21.56	761.8	66.16	0.104 29	55	23	240/30
JLHA3-280	280	279.26	37	3.1	21.7	774.7	67.02	0.107 89	55	23	240/40
JLHA3-335	335	335.91	37	3.4	23.8	928.3	80.62	0.089 69	55	23	300/25
JLHA3-340	340	339.9	37	3.42	33.94	929.2	81.57	0.088 64	55	23	300/400
JLHA3-425	425	426.28	37	3.83	26.81	1177.9	102.31	0.070 68	55	23	400/35
JLHA3-450	450	451.11	37	3.94	27.58	1246.5	108.27	0.066 79	55	23	400/50
JLHA3-530	530	531.26	61	3.33	29.97	1467	127.5	0.056 67	55	23	500/45
JLHA3-675	675	673.73	64	3.75	33.75	1860.4	161.69	0.044 69	55	23	630/45

注:中强度铝合金电导率为 58.5%IACS。

应用钢芯高电导率硬铝绞线、铝合金芯铝绞线、中强度全铝合金绞线等三种新型节能导线,替代普通钢芯铝绞线具有显著效益和优势。

节能类导线与普通钢芯铝绞线相比,在总截面面积相等的应用条件下,可以通过减小导线直流电阻,提高导线的导电能力,减少输电损耗,对长距离特高压、超高压输电线路效果更明显。如三峡—上海 ±500 kV 直流输电工程线路全长 1 048.6 km,输送容量 300 万 kW,若按中强度全铝合金绞线替代普通钢芯铝绞线计算,在正常功率下,如果一年的输送小时数为 4 000 h,则可节约电能 7.98 万 kW·h/km,全线每年可节电 8 372 万 kW·h;锦屏—苏南 ±800 kV 特高压直流输电工程线路全长 2 100 km,输送容量 720 万 kW,工程应用了两种普通钢芯铝绞线,若以钢芯高电导率硬铝绞线、铝合金芯铝绞线替代,在正常功率下,全年输电 5 000 h 可减少电能损耗 4.54 万 kW·h/km,全线共减少电能损耗 9 532 万 kW·h,大大提高了跨区输电的经济效益。每节约 1 kW·h 电量,可减排 0.997 kg 二氧化碳。若锦屏—苏南特高压直流输电工程每年多输送 9 532 万 kW·h 电量,就可减排二氧化碳 9 503.4 t。不仅如此,电能的大量节约,相当于增加了一定数量的发电装机,有效缓解用电需求增长带来的环境压力。

在工程应用上,以导线单位长度计价,节能导线虽比普通钢芯铝绞线高 5%～15%,但经试点应用以及多个工程的对比计算分析,采用节能导线每年所减少的输电损耗所带来的收益,累计可在 5～10 年收回因采用节能导线增加的投资。在输电线路的全寿命周期内,总体效益仍然是十分可观的。

钢芯高电导率硬铝绞线优势很多:一是节能,相对于常规导线电导率,钢芯高电导率硬铝绞线的电导率提高了约 3%,可降低电阻损耗;二是降低杆塔投资,由于导线风荷载降低约 10%,塔重可降低约 0.5%;三是压缩走廊宽度, 500 kV 同塔双回路采用等截面面积线型时,走廊宽度可减少 0.5 m;四是改善导线防振和防腐性能,因导线绞合紧密,雨水灰尘不易进入,有利于内部防腐油脂保持长期稳定;五是运行可靠性强,能相对降低电晕放电产生的噪声和线路损耗。

2. 碳纤维复合芯导线应用

碳纤维复合芯导线(Aluminum Conductor Composite Core/Trapezoide Wire, ACCC)是一种新型的架空输电线路用导线,具有质量轻、强度高、热稳定性好、弛度小、载流量大和耐腐蚀的特点。

ACCC 导线的芯线是由以碳纤维为中心层并玻璃纤维包覆制成的单根芯棒,碳纤维采用聚酰胺耐火处理、碳化而成;高强度、高韧性配方的环氧树脂具有很强的耐冲击性、耐抗拉应力和弯曲应力。将碳纤维与玻璃纤维进行预拉伸后,在环氧树脂中浸渍,然后在高温模子中固化成型为复合材料芯线。芯线外层与邻外层为梯形截面铝线股。与钢芯铝绞线类似,ACCC 导线中电能传输主要依靠导体部分铝单线完成,碳纤维复合芯主要承担导线自身重量以及风力、导线应力等机械力。与传统导线相比,ACCC 导线具有以下优点。

(1)强度大。ACCC 导线的抗拉强度是一般钢丝抗拉强度的 1.93 倍,是高强度钢丝的 1.7 倍。试验证明,其破断力比常规钢芯铝绞线(Aluminum Cable Steel Reinforced, ACSR)提高了 30%。抗拉强度的明显提高允许增加杆、塔之间的跨距,因而能降低工程成本。

(2)电导率高,载流量大,运行温度高。由于 ACCC 导线不存在钢丝材料引起的磁损和热效应,而且输送相同电力的条件下,具有更低的运行温度,可以减少输电线损 6% 左右。另外,相同直径时 ACCC 导线的铝材截面面积为常规 ACSR 导线的 1.29 倍,因此可以提高载流量 29%。在 180 ℃条件下运行,其载流量理论上为常规 ACSR 导线的 2 倍。ACCC 导线的短时允许温度甚至可超过 200 ℃。由于 ACCC 导线具有较强的耐热特性,可减少冰的集结,在重覆冰地区,可采用更小直径的 ACCC 导线,在不改变输送容量的情况下实现安全输送。

(3)线膨胀系数小,弛度小。ACCC 导线与 ACSR 导线相比具有显著的低弛度特性,在高温下弧垂不到常规 ACSR 导线的 1/10,能有效减少架空线走廊的绝缘空间,提高导线运行的安全性和可靠性,在相同的跨距下可缩短导线长度,节省导线。

(4)质量轻。复合材料的密度约为钢的 1/4。ACCC 导线单位长度重量约为常规 ACSR 导线的 60% ~ 80%。导线重量减轻以及良好的低弛度特性可使铁塔高度降低,并使铁塔结构更趋紧凑,缩小基础,缩短施工工期,节省线路综合造价。

(5)耐腐蚀,使用寿命长。由于 ACCC 导线芯棒的外表面为绝缘体的玻璃纤维层,芯棒与铝股之间不存在接触电位差,能够保护铝导体免受电腐蚀,使用寿命高于普通导线的 2 倍。由于导线中的金属材料仅有铝材,可用在高腐蚀的地区。

(6)减少电磁辐射和电晕损失。ACCC 导线的外层由梯形截面形成的外表面远比传统 ACSR 导线表面光滑,提高了导线表面粗糙系数,有利于提高导线的电晕起始电压,能够减少电晕损失,降低电晕噪声和无线电干扰水平。

（7）便于导线展放和施工。ACCC 导线的外层导电线路部分与常规 ACSR 导线有相同直径和螺旋状结构，放线安装完全可按安装常规 ACSR 导线的方法进行，现有的杆、塔等构件不必改造。

2006 年 10 月，江苏无锡 110 kV 孟村至陆区 4.1 km 长的 ACCC 导线顺利建成投运，这是我国首次在 110 kV 线路工程中使用 ACCC 导线。应用此种新型导线，对于需要较大载流量的苏南地区来说，效益十分明显。以无锡地区为例，常规的 110 kV 线路新建的综合造价约为 80 万元 /km，而采用 ACCC 导线，其每千米的投资仅需约 50 万元，能够节约近 40% 的费用，可大大减少工程投资。

2011 年 12 月，宁夏 220 kV 大青甲、乙、丙三条架空输电线路改造工程顺利竣工投运，工程采用了新型 ACCC 导线，各项数据指标均达到了预期效果。大青甲、乙、丙 220 kV 输电线路增容改造工程，起始于大坝电厂升压站 220 kV 构架，终止于青铜峡变电站 220 kV 构架，在不改变原线路基础、杆塔的前提下，采用 ACCC-350/35 型 ACCC 导线更换现有的 LGJ-400/35 型普通 ACSR 导线，改造后可成倍地提高输电线路的输送能力，提高输电线路事故（故障）情况下抵御风险的能力，满足该地区电网安全稳定供电要求。

3. 特强钢芯软铝导线应用

特强钢芯软铝导线又称低弧垂软铝导线，是目前输电线路增容导线新产品，能有效提升线路的运行温度和电导率。这种导线的铝股采用 Z 形或 T 形结构，铝线经过退火后，降低了线路的电阻率，最高运行温度由 80 ℃提升至 150 ℃，线路输送能力提高到 1.5 倍。导线采用特强钢芯，保证线路的强度和可靠性，同时提升导线的防振性能，延长使用寿命。特强钢芯软铝导线横截面如图 4-5 所示。

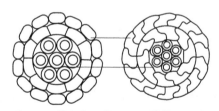

图 4-5 特强钢芯软铝导线横截面示意

目前，特强钢芯软铝导线应用的规格型号为 JLRT/EST-400/50-250 及 JLRZ/EST-400/50-250，导体为 22 根成型铝线绞合而成，加强芯为 7 根直径 2.96 mm 的特高强（EST）线绞合而成，具有良好的耐热特性及较高的运行工作温度，输电能力是普通导线的 1.5 倍左右。

特强钢芯软铝导线与普通导线相比，具有以下优点。

（1）导线绞合为面接触式，具有更大的导体截面利用率。与普通钢芯铝绞线相比，同截面时，能减少直径 9% ~ 15%；同等直径时，可增大截面利用率 20% ~ 28%。

（2）结构紧凑，铝股间的间隙小，表面光洁，冰雪不易凝固在导线表面，提高导线的抗冰雪能力。

（3）采用 Z 形或 T 形结构，单线间具有更多的接触面，在微风振动中可消耗更多的能量,抗微风振动能力更好,具有良好的自阻尼特性。

（4）导线直径小,降低了导线风荷载和杆塔的水平荷载,可减少杆塔钢材使用量。同时,可加大现有塔杆的间距,减少塔杆的数量,节省塔杆的建造和现场施工费用。

（5）导线表面光滑,电晕损失少,运行噪声小,更环保。

（6）可实施装配式架线法。

（7）特强钢芯软铝导线技术应用。

2011 年 9 月,河南安阳供电公司 220 kV 蒋彰线投运,它是河南省首条采用特强钢芯软铝导线的 220 kV 输电线路。该项目西起 220 kV 蒋村变电站,东至 500 kV 彰德变电站,线路全长 24.29 km,采用同塔双回架设,全线共有杆塔 41 基,导线垂直排列,线间距离 7.5 m。它的投运有效缓解了安阳西部重工业区的供电压力,优化了电网结构,为安阳电网迎峰度冬和地方经济社会发展奠定了坚实基础。

节能导线还有其他品种,如节能型扩容导线、节能型低蠕变导线、高导电耐热铝导线、耐热铝合金导线、倍容量导线（超耐热铝合金导线）、间隙型导线、铝基陶瓷纤维芯耐热铝合金绞线以及其他新型复合材料合成芯导线等,这里不再一一赘述。

4. 节能线夹应用

电力金具是指连接和组合电力系统中各类装置,以传递机械、电气负荷,并起某种防护作用的金属附件。线夹是架空输电线路建设中使用最多的电力金具之一,输电线路线夹大部分由铁磁材料铸成,由于铁磁材料的磁滞和涡流作用,使输电线路每年产生数以亿计千瓦时的电能损耗。在输电线路运行中,线夹分为铸铁悬垂线夹、铝合金防晕型悬垂线夹和预绞式悬垂线夹。预绞式悬垂线夹由预绞丝护线条、内含铝合金加强件的橡胶衬垫、高强度铝合金护套和夹片等主要部分构成。因为其特殊的材料特性和结构使得涡流损耗小,导线所受的静态应力和微风振动等引起的动态应力减小。当前对线夹电能损耗的研究存在的问题主要体现在:线夹能耗相对于整个线损而言较小,现有测量手段无法测出不同类型线夹的能耗差别,部分试验难以模拟现场实际运行情况;线夹的能耗特性研究多停留在定性分析的层面,无法为线夹选型提供必要的运行成本数据。这是由于线夹的涡流损耗与线夹结构参数、导线型号、电流密度、电磁特性参数等多种因素紧密相关,分析计算复杂。

对于节能金具,目前的定义包括适用于各电压等级的输配电线路、变电所及各类配电装置上使用的与导线直接接触的电力金具,其范围包括悬垂线夹、耐张线夹和防振锤;不适用于非直接接触导线的电力金具。电力金具节能评价值就是电力金具允许的电能损耗值,此值表示某型号电力金具对适用的最大截面面积导线在规定经济载流量下的稳定电能损耗值。

根据《电力金具节能产品（认证技术要求）》（CCEC/T 15—2006）,电力金具的节能评价值不应大于表 4-17 的规定值。

表 4-17 电力金具的节能评价值 （单位：W）

产品	导线截面面积（mm²）										
	50	70	95	120	150	185	240	300	400	500	≥ 630
悬垂线夹	—	0.41	0.72	1.14	1.65	2.71	4.85	7.21	12.7	20.4	32.4
耐张线夹	0.16	0.37	0.84	1.73	3.08	4.86	8.67	14.1	21.9	33.0	50.7
防震锤	—	0.22	0.28	0.31	0.40	0.50	1.72	1.86	3.45	6.79	12.0

对铸铁线夹和铝合金线夹进行对比试验，功率损耗对比见表 4-18。

表 4-18 铸铁线夹和铝合金线夹功率损耗对比

电流（A）	耐张线夹功率损耗（W）			悬垂线夹功率损耗（W）		
	铁制平均	铝制平均	铁制大于铝制	铁制平均	铝制平均	铁制大于铝制
50	0.050	0.050	0.850	0.525	0.050	0.475
100	4.650	0.400	4.250	3.050	0.200	2.850
150	11.400	1.875	9.525	7.650	0.750	6.900
200	20.800	4.600	16.200	14.500	1.800	12.700
250	32.625	6.500	26.125	21.250	2.375	18.875
300	51.300	11.550	39.750	36.000	6.000	30.000
350	69.825	16.975	52.850	49.000	9.625	39.375
400	89.600	23.400	66.200	65.200	13.600	51.600
450	110.025	29.025	81.000	82.125	17.550	64.575
500	138.750	34.000	104.750	97.750	20.750	77.000

下面分别以 220 kV 和 110 kV 两个电压等级的输电线路工程为例，对输电线路采用节能金具与普通金具进行节能效益对比分析。

（1）220 kV 输电线路工程节能效益分析。某电力公司 220 kV 变电站线路工程，线路总长约 62.4 km，线路导线采用 2×LGJ-400 型钢芯铝绞线，有直线塔 137 基，耐张塔 44 基，双分裂导线悬垂线夹约 870 只，导线防振锤 4 344 只。在经济载流量条件下，对线路金具节能效果进行经济分析（一年以 7 200 h 计算），具体情况见表 4-19。

表 4-19 某 220 kV 线路采用节能金具和普通金具的节能效果对比

项目	双分裂导线悬垂线夹		导线防振锤	
	铁制	铝制	铁制	铝制
单只损耗功率（W）	50.8	3.86	6.9	0.26
每只损耗电能（kW·h/a）	365.76	27.792	49.68	1.872
每只节能率 ΔA（%）	92.40		96.23	
每只节省电能（kW·h/a）	377.96		47.81	

（2）110 kV 输电线路工程节能效益分析。某电力公司 110 kV 变电站线路工程，线路总长约 18 km，线路导线采用 LGJ-400 型钢芯铝绞线，有直线塔 29 基，耐张塔 34 基，导线悬垂线夹约 363 只，导线防振锤 1 052 只。在经济载流量条件下，对线路金具节能效果进行经济分析（一年以 7 200 h 计算），具体情况见表 4-20。

表 4-20 某 110 kV 变电站线路采用节能金具和普通金具的节能效果对比

项目	导线悬垂线夹		导线防振锤	
	铁制	铝制	铁制	铝制
单只损耗功率（W）	25.4	1.93	6.9	0.26
每只损耗电能（kW·h/a）	182.88	13.896	49.68	1.872
每只节能率 ΔA（%）	92.40		96.23	
每只节省电能（kW·h/a）	168.984		47.808	

综上所述，输电线路采用节能型铝合金电力金具虽然起始建设成本稍高，但是一般来说通过 2～3 年的运行，节能效益即显现；再考虑到铁制类电力金具的制造耗能、热镀锌能耗和污染环境等情况，节能型铝合金电力金具综合经济效益很明显。

另外，还有 ACCC 节能连接（接续）线夹，其主要由线夹本体、联结器、左右压接管、左右张力夹套、左右张力夹芯、左右调节螺栓组成。其特征是采用了非导磁（碳纤维）材料，外轮廓圆滑过渡，无放电设计，防电晕；连接（接续）线夹与导线相接处的曲率半径设计科学，使其表面的电位梯度低于电晕起始电位梯度；通过调节螺栓旋入张力夹套达到规定的力矩产生轴向移动，使张力夹芯产生径向握力，自动完成夹紧，将张力负荷从复合芯传送到两端导线上，握力稳定、节能环保、耐热高效、抗腐蚀、安装方便，适用于 35～1 000 kV 的输电线路导线连接。

ACCC 节能连接（接续）线夹的关键技术及优势如下。

（1）节能环保。线夹采用了非导磁材料，外轮廓圆滑过渡，无放电设计，防电晕；碳纤维是非导金属材料，不同于传统钢芯铝绞线，线芯的线损为零，节能效果明显；耐腐蚀，使用寿命长；符合《电力金具节能产品（认证技术要求）》（CCEC/T 15—2006）。

（2）握力稳定。通过调节螺栓旋入张力夹套达到规定的力矩产生轴向移动，使张力夹芯产生径向握力，自动完成夹紧，将张力负荷从复合芯传送到两端导线上，握力稳定。

（3）耐热高效。线夹本体采用的耐热铝合金是由 EC 级铝、少量锰和其他元素组成的，具有较高的重结晶温度，所以耐热铝合金连续工作温度可达 150～180 ℃，载流量可提高 1.4～1.6 倍。同时，加锰对改善导线的耐软化性和耐蠕变性有显著的效果。为减少电腐蚀，ACCC 节能连接（接续）线夹的调节螺栓、张力夹套、张力夹芯采用经过固溶处理的氏体钢 1Cr18 N9Ti 材料，耐热可达 180 ℃以上。

ACCC 线夹节能、耐用，复合芯非压接连接，方便施工，抗腐蚀、环保效果显著，是一种新型节能环保电力工具。

4.3　配电线路技术降损解决方案

配电线路是指将地区降压变电站的电力分配到用户变电站或用户变压器以及把公用配电变压器的电力分配到用户低压计量点的电力线路。其按照电压等级划分可分为高压配电线路（35 kV、110 kV）、中压配电线路（20 kV、10 kV、6 kV）和低压配电线路（220 V/380 V）。按照架设方式划分可分为架空配电线路和电缆配电线路。

本章所述配电线路的降损节能是指中压配电线路和低压配电线路的降损节能,配电线路的技术降损措施主要包括配电网的合理规划与设计、配电设备材料的科学选型、生产运行中优化配电网运行方式、对某些环节或元件进行技术改造与大修、推广应用新材料和新设备等。下面主要从配电线路的经济运行和技术改造两个方面进行讲述。

4.3.1　配电网经济运行

配电线路的经济运行是配电网技术降损的关键所在。配电网的经济运行技术措施主要有以下几个方面:

（1）确定最经济的电网接线方式和最经济合理的电网运行方式（如线路合理分段、配电线路互连互供、合环与开环等）;

（2）合理提高配电网运行电压;

（3）合理调整用电负荷,提高负荷率;

（4）开展变压器经济运行,负荷低谷时,运行小容量变压器或停运变压器;

（5）平衡低压电网三相用电负荷,减少三相负荷不平衡带来的电能损耗;

（6）合理安排线路及设备检修,开展带电作业;

（7）合理配置和投退并联电容器,减少系统无功功率输送;

（8）加大高损配电线路和高损台区线路改造力度,逐步更换高能耗配电变压器,减少高损设备。

下面重点介绍配电变压器的经济运行、配电线路的经济运行、配电线路的无功补偿、合理调节配电网的运行电压四方面技术。

1. 配电变压器的经济运行

配电变压器（简称配变）是电力系统末端配电用的变压器,是配电网中使用最广泛的电力设施,分布面广、数量种类繁多,凡是有用电之处就会存在配电变压器。同时,配电变压器具有负载波动大、运行期间多数时间处于轻载或空载运行状态的特点,所以在配电网电能损耗构成中,配电变压器的损耗通常占有较大比重。全面开展配电变压器经济运行是实现配电网经济运行的重要环节,是配电线路技术降损节电的关键措施之一。

所谓变压器的经济运行,是指变压器在运行中,所带的负荷通过调整后达到某一合理区间,此时变压器的负载率处于合理经济区域且功率损耗最低、效率最高。变压器的这一运行状态,就是经济运行状态。

研究配电变压器降损节能不仅是经济上的考虑,同时对减少环境污染、节能减排都有着重要意义。关于配电变压器的经济运行,需要掌握配电变压器损耗率的负载特性曲线、功率因数变化对配电变压器损耗率的影响、配电变压器节能标准以及配电变压器运行的经济性评价办法等内容。

1)配电变压器损耗率的负载特性曲线

配电变压器是将较高电压降至最末级电压,直接作为配电用的变压器。配电变压器的容量大都在 50 ~ 400 kV·A,其空载电流百分数在 0.7% ~ 1.2%,阻抗电压百分数均为 4%。在计算配电变压器综合损耗率时,可以忽略其无功损耗带来的影响,直接用以下公式进行计算:

$$\Delta P_Z\% = \frac{P_0 + K_T P_k \left(\dfrac{S}{S_N}\right)^2}{S\cos\varphi} \times 100\% \tag{4-1}$$

或

$$\Delta P_Z\% = \frac{P_0 + K_T P_k \beta^2}{S_N \beta \cos\varphi} \times 100\% \tag{4-2}$$

其中,S 为变压器视在功率;S_N 为变压器额定视在功率;K_T 为变压器负载波动系数;β 为变压器负载系数;P_0 为变压器空载损耗;P_k 为变压器负载损耗。

下面就当前配电线路中常用的 S11 系列 10 kV 配电变压器,根据上述公式绘制损耗率的负载特性曲线。

S11 系列常用 10 kV 配电变压器技术参数见表 4-21。

表 4-21 S11 系列常用 10 kV 配电变压器技术参数

变压器型号	空载损耗(kW)	负载损耗(kW)	空载电流百分数(%)	阻抗电压百分数(%)
S11-50/10	0.130	0.87	1.2	4
S11-100/10	0.200	1.50	1.0	4
S11-200/10	0.325	2.60	0.9	4
S11-315/10	0.475	3.65	0.8	4
S11-400/10	0.565	4.30	0.7	4

由于配电变压器多数是供居民生活用电,根据居民住宅小区负载波动损耗系数计算经验,典型居民住宅小区负载波动损耗系数 K_T 取 1.09,功率因数 $\cos\varphi$ 取 0.95。将上述不同容量变压器参数分别代入变压器综合损耗与负载系数的函数关系式,可以得到变压器综合损耗率 $\Delta P_Z\%$ 随着变压器负载系数 β 变化的数据,见表 4-22。

表 4-22　S11 系列 10 kV 常用配电变压器综合损耗率

负载系数 β	综合损耗率 ΔP_z %				
	S11-50	S11-100	S11-200	S11-315	S11-400
0.05	5.55	4.30	3.50	3.21	3.00
0.10	2.94	2.28	1.86	1.72	1.61
0.20	1.77	1.40	1.15	1.06	0.99
0.30	1.51	1.22	1.02	0.93	0.87
0.40	1.48	1.21	1.02	0.93	0.87
0.50	1.55	1.28	1.09	0.98	0.91
0.60	1.65	1.38	1.18	1.06	0.99
0.70	1.79	1.51	1.29	1.16	1.08
0.80	1.94	1.64	1.41	1.26	1.17
0.90	2.10	1.78	1.53	1.37	1.28
1.00	2.27	1.93	1.66	1.49	1.38
1.10	2.44	2.08	1.80	1.61	1.49
1.20	2.62	2.24	1.93	1.73	1.60

根据表 4-22 中的数据,分析如下:

(1)配电变压器的损耗率随着容量的增大而减小;

(2)当负载系数小于 0.15 或负载系数大于 0.80 时,变压器损耗率均在 1.2% 以上;

(3)随着变压器容量的增大,其低损耗率区间越来越大;

(4)在容量 50 kV·A、100 kV·A、200 kV·A、315 kV·A 和 400 kV·A 变压器损耗率曲线中,最低损耗率分别是 1.48%、1.21%、1.02%、0.93% 和 0.87%;

(5)对于小容量 50 kV·A、100 kV·A 变压器,当其负载系数在 0.25～0.60 的最佳损耗率区间时,其损耗率比 200 kV·A 变压器负载系数在 0.15～0.25 时的损耗率高,因此为了减少损耗,配电线路变压器单台容量宜选择 200 kV·A、315 kV·A 和 400 kV·A 三种,这样会更经济。

2)功率因数变化对配电变压器损耗率的影响

根据变压器损耗率与变压器负载系数的函数关系式可知,变压器负载侧功率因数与其损耗率成反比关系,即功率因数越高,损耗率越小;反之越大。

下面以 S11-200 型变压器为例进行数表及曲线图形的绘制与分析。S11-200 型变压器空载损耗为 0.325 kW、负载损耗为 2.6 kW、空载电流百分数为 0.9%、短路电压百分数为 4%,负载波动损耗系数取 1.09,则根据变压器损耗率的负载特性曲线绘制过程,同样可以得出 S11-200 型变压器损耗率变化数据,见表 4-23。

表 4-23　功率因数变化对 S11-200 型变压器的损耗率影响数据

负载系数 β	空载 P_0（kW）	负载 P_k（kW）	损耗 ΔP（kW）	综合损耗率 ΔP_Z%			
				$\cos\varphi = 1$	$\cos\varphi = 0.95$	$\cos\varphi = 0.90$	$\cos\varphi = 0.85$
0.05	0.325	0.00	0.33	3.25	3.42	3.61	3.82
0.10	0.325	0.03	0.35	1.77	1.86	1.96	2.08
0.20	0.325	0.10	0.44	1.10	1.15	1.22	1.29
0.30	0.325	0.23	0.58	0.97	1.02	1.07	1.14
0.40	0.325	0.42	0.78	0.97	1.02	1.08	1.14
0.50	0.325	0.65	1.03	1.03	1.09	1.15	1.22
0.60	0.325	0.94	1.35	1.12	1.18	1.25	1.32
0.70	0.325	1.27	1.71	1.22	1.29	1.36	1.44
0.80	0.325	1.66	2.14	1.34	1.41	1.49	1.57
0.90	0.325	2.11	2.62	1.46	1.53	1.62	1.71
1.00	0.325	2.60	3.16	1.58	1.66	1.76	1.86
1.10	0.325	3.15	3.75	1.71	1.80	1.90	2.01
1.20	0.325	3.74	4.41	1.84	1.93	2.04	2.16

从表 4-23 可以看出,在变压器最佳经济运行区,功率因数每提高 0.05,损耗率可降低 0.06% ~ 0.10%,在非经济运行区效果更佳。

3)配电变压器的节能评价

Ⅰ.油浸式配电变压器节能评价标准

按照《电力变压器能效限定值及能效等级》(GB 20052—2020)规定,配电变压器能效限定值(即在规定测试条件下,配电变压器空载损耗和负载损耗的标准值)和配电变压器节能评价值(即在规定测试条件下,评价节能配电变压器空载损耗和负载损耗的标准值)均应该达到表 4-24 的规定,允许偏差应符合《电力变压器　第 1 部分:总则》(GB 1094.1—2013)的规定。

表 4-24　油浸式配电变压器能效限定值及节能评价值

额定容量（kV·A）	损耗（W）		短路阻抗 U_k%
	空载 P_0	负载 P_k（75 ℃）	
30	100	600	
50	130	870	
80	180	1 250	
100	200	1 500	4.0
125	240	1 800	
160	280	2 200	
200	340	2 600	

额定容量	损耗（W）		短路阻抗 U_k%
（kV·A）	空载 P_0	负载 P_k（75 ℃）	
250	400	3 050	
315	480	3 650	4.0
400	570	4 300	

Ⅱ. 允许偏差要求与节能判断

配电变压器节能评价值,即配电变压器的空载损耗和负载损耗应符合表 4-24 的规定,空载和负载损耗允许偏差应在 7.5% 以内,总损耗允许偏差应在 5% 以内。

运行中的配电变压器的空载损耗和负载损耗参数凡是低于上述标准的即为节能型配电变压器,否则就属于非节能型变压器。对于非节能型变压器应该列入技改范围,有计划地更新。

当前 S11 系列油浸式配电变压器属于节能型变压器,而 S10 及以下系列配电变压器属于高能耗变压器。

注意:对于铭牌参数与实际运行损耗参数相差较大的配电变压器,要使用变压器空载和负载损耗测试仪进行实际测试,以实际测试参数进行评价。

4）配电变压器运行的经济性评价

根据《电力变压器经济运行》(GB/T 13462—2008)的要求,供、用电企业应计算变压器经济负载系数,确定变压器的经济运行区间,以评价变压器经济运行状况,对于运行中的变压器要进行经济运行管理。

变压器运行区可分为经济运行区、最佳经济运行区和非经济运行区三部分。其中,经济运行区是指变压器综合功率损耗率等于或低于变压器额定负载时的综合功率损耗率的负载区间;最佳经济运行区是指变压器综合功率损耗率接近变压器经济负载系数时的综合功率损耗率的负载区间;非经济运行区是指变压器综合功率损耗率高于变压器额定负载时的综合功率损耗率对应的低负载运行区间。

下面以 S11-200/10 型配电变压器为例,将配电变压器运行区划分为经济运行区、最佳经济运行区和非经济运行区三部分,并分别进行说明。

S11-200/10 型配电变压器的负载波动损耗系数 K_T 取 1.09,功率因数 $\cos \varphi$ 取 0.95,则其损耗率的负载特性曲线以及运行区间划分如图 4-6 所示。

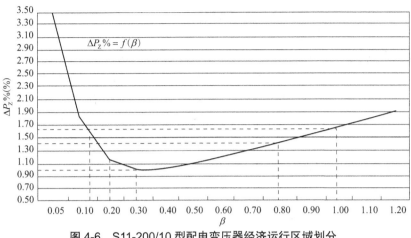

图 4-6　S11-200/10 型配电变压器经济运行区域划分

配电变压器在额定负载运行(其损耗率为 1.66%)为经济运行区上限,与上限额定综合功率损耗率相等的另一点为经济运行区下限。在图 4-6 中,经济运行区上限负载系数为 1.0,经济运行区下限负载系数为 0.13,即负载系数在 0.13 ~ 1.0 的变压器运行区间,其损耗率范围均属于经济运行的合理范围。

配电变压器在 75% 负载运行(此时其损耗率为 1.35%)为最佳经济运行区上限,与上限综合功率损耗率相等的另一点为经济运行区下限。在图 4-6 中,最佳经济运行区是负载系数在 0.16 ~ 0.75 的变压器运行区间,其损耗率范围均属于最佳经济运行区范围,此阶段变压器运行最经济。

配电变压器负载系数小于变压器经济运行区下限值(图 4-6 中为 0.13)以及负载系数大于 1.0 的部分为非经济运行区。

2. 配电线路的经济运行

配电线路的经济运行是指在保证配电线路及其所有设备安全运行、满足供电量和电能质量需求的基础上,充分利用电网中变电站主变压器的调压功能,利用现有配电线路及其相关设备,通过合理调节配电线路运行电压、合理配置线路配电变压器、优选变压器及配电线路经济运行方式、实施配电线路负载的经济调配、实施配电变压器与供电线路运行位置的优化组合等技术措施,最大限度地降低变压器及其配电线路的有功损耗和无功损耗。在配电线路运行过程中,为促进电网的降损节能,必须按最佳经济负荷划分经济负荷区域,并通过电力调度运用调度手段进行负荷调配,落实"移峰填谷"措施,提高负荷率,使供电负荷处在经济负荷区域内运行,从而实现电网节能降损。

1)配电线路的经济运行区

配电线路的运行负荷是一个变量,其可变损耗与运行负荷相关,只有将运行负荷调配在经济负荷区域内运行,网损率才能达到或接近最低值。因此,合理划分经济负荷区域,运用网络结构调整、合理调度等手段进行负荷调配,使配电线路供电负荷在经济区域内运行,才能实现配电线路的降损节能。

下面以某 10 kV 配电线路为例,介绍配电线路的经济运行区划分。

该 10 kV 配电线路供电半径为 5.5 km,线路长度为 11.43 km,其中变电站出线电缆（YJV22-400 型）长度为 0.165 km、架空绝缘线路（导线为 JKLGYJ-240 型）长度为 11.43 km、变压器下户线（导线为 LGJ-50 型）长度为 0.011 km。变压器有 46 台,总容量为 17 925 kV·A,其中 800 kV·A 变压器有 7 台、630 kV·A 变压器有 3 台、500 kV·A 变压器有 9 台、315 kV·A 变压器有 9 台、200 kV·A 变压器有 28 台。通过线损理论计算软件计算该线路在某年 3 月的等效电阻为 0.271 Ω,固定损耗为 25.5 kW,可变损耗为 36 kW,线路负载波动损耗系数 K_T 取 1.05,线路首端功率因数为 0.93,线路首端平均电压为 10.5 kV。

Ⅰ. 该 10 kV 配电线路线损率随负荷变化曲线

将上述已知数据代入配电线路线损率与负荷的函数关系公式,可以绘制出该配电线路线损率随负荷变化的曲线,如图 4-7 所示。

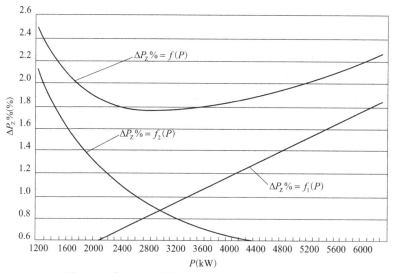

图 4-7　该 10 kV 配电线路线损率随负荷变化曲线

图 4-7 中,横坐标表示该线路运行负荷,纵坐标表示该配电线路线损率。配电线路线损率 $\Delta P_Z\%$ 是平均运行负荷 P 的函数（即图中 $\Delta P_Z\% = f(P)$ 函数曲线）。它由两部分组成:一部分是与配电线路的可变损耗有关（其图形为一直线,如图中曲线 $\Delta P_Z\% = f_1(P)$）,二是与配电线路的固定损耗有关（其图形为一次双曲线,如图中曲线 $\Delta P_0\% = f_2(P)$）,总线损率为两者之和。

Ⅱ. 配电线路的最佳运行负荷及最佳线损率

由图 4-7 可知,在函数的两个组成部分中,一部分为递减函数,另一部分为递增函数,根据相关公式可求得配电线路线损率最低时所对应的运行负荷,称为配电线路的最佳运行负荷（也称为配电线路经济运行负荷）,当配电线路的运行负荷等于最佳运行负荷 P_j 时,整个配电线路的线损率最低,经济效果最佳。它是电网结构参数 $\sum P_0$ 和 R_{dz} 的二元函数,只要电网结构不变,P_j 为一定值。对任一配电线路而言,都可以由其结构参数求得 P_j。

该配电线路的最佳运行负荷计算如下：

$$P_{\mathrm{j}} = \frac{U\cos\varphi}{K_{\mathrm{T}}} \sqrt{\frac{\sum P_0 \times 10^3}{R_{\mathrm{dz}}}} = \frac{10.5 \times 0.93}{1.025} \times \sqrt{\frac{25.5 \times 1\,000}{0.271}} = 2\,922\,\mathrm{kW}$$

同样，由前述相关计算公式可得线路线损率的极小值，称为最佳理论线损率。

该配电线路的最佳理论线损率为

$$\Delta P_{\mathrm{j}}\% = \frac{2K_{\mathrm{T}}}{U\cos\varphi} \sqrt{R_{\mathrm{dz}}\sum P_0 \times 10^{-3}} \times 100\%$$

$$= \frac{2 \times 1.025}{10.5 \times 0.93} \sqrt{0.271 \times 25.5 \times 10^{-3}} \times 100\%$$

$$= 1.745\%$$

其中，P_{j} 为最佳运行负荷；U 为电网电压有效值；$\cos\varphi$ 为功率因数；k 为线路负载波动系数；R_{dz} 为线路等效电阻；$\sum P_0$ 为线路全部空载损耗的和。

该配电线路按最佳运行负荷运行时的线损率为 1.745%，因此最佳理论线损率是制订配电线路线损率指标计划和考核配电网线损管理水平的重要依据。

2）配电线路经济运行区域的划分

如前所述，当配电网运行负荷按最佳运行负荷运行时，整个配电线路的网损率出现极小值。但仔细分析，这种愿望是难以实现的。因为最佳运行负荷只是一个点，而配电线路的实际运行负荷则是一个变化的区域，很难做到在一个点上恒定运行，这就使最佳运行负荷失去现实意义。因此，在将线损率控制在一定范围内的前提下，给配电线路的运行负荷划定一个区域，称为经济运行区域，使其具有真正的现实意义。

设配电线路的线损率控制在最佳线损率的 a 倍（$a > 1$），即

$$\begin{cases} P_{\mathrm{a}} = P_{\mathrm{j}}\left(a - \sqrt{a^2 - 1}\right) \\ P_{\mathrm{b}} = P_{\mathrm{j}}\left(a + \sqrt{a^2 - 1}\right) \end{cases} \tag{4-3}$$

可见，配电线路的运行负荷在 $P_{\mathrm{a}} < P < P_{\mathrm{b}}$ 区域内运行是最经济的，故此区域称为经济运行区域，则其他运行区域称为非经济运行区域（即 $P < P_{\mathrm{a}}$ 和 $P > P_{\mathrm{b}}$ 两个区域）。这就是配电线路经济运行区域的确定方法。

下面还以该配电线路的线损率随负荷变化曲线（图 4-8）对其经济运行区域划分进行说明。

图 4-8 中，横坐标表示该线路运行负荷，纵坐标表示该配电线路的线损率。

经济运行区域划分的合理与否，关键在于 a 的取值。a 取得过大，一方面会影响配电线路运行的经济性，另一方面可能使配电变压器超载运行；a 取得过小，会使经济运行区域过于狭窄，可能失去实际意义。根据对一些配电线路的计算和分析，建议取 $a = 1.2$ 为宜，运行负荷的变化范围为 $[P] = (0.54 \sim 1.86)P_{\mathrm{j}}$，这样既能保证配电网在运行中具有良好的经济性，线损率可控制在最佳线损率的 1.2 倍以内，又可使经济运行区域有一个较大的范围和良好的可操作性。图 4-8 中该线路经济运行区域（$P_{\mathrm{a}} < P < P_{\mathrm{b}}$）为 1\,570\,kW < P < 5\,400\,kW，其线损

率范围在 1.74%～2.08%;当负荷 P<1 570 kW 或 P>5 400 kW 时,均属于非经济运行区域,其线损率均超过了 2.1%。

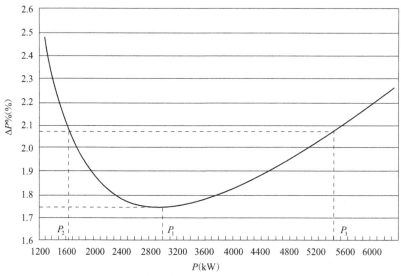

图 4-8　该配电线路经济运行区域划分

当然,还可以对经济运行区域进行细化管理,例如可取 a =1.1 为最佳倍数,即可确定配电线路的最佳经济运行区域为 $[P]$ =(0.64～1.56)P_j ,此时配电线路的线损率均小于 1.95%。

3)经济运行区域划分对降损管理的指导意义

配电线路经济运行区域的划分,对配电线路的技术改造、运行管理及负荷调整等网损管理工作具有重要的指导意义,现分析如下。

(1)在 P < P_a 区域,配电线路处在低负荷的非经济运行区,线损中的固定损耗(配电变压器铁损)是影响线损率的关键因素。这时,电网改造和运行管理的重点是降低配电变压器铁损,依靠增大导线截面面积的降损措施已无显著效果。可采取的措施,如加快高能耗配电变压器的更新改造,更换"大马拉小车"配电变压器,加强"母子"配电变压器的运行管理,对照明等轻载的纯单相负荷推广应用节能型单相变压器等。在负荷调整方面要尽量组织和提高配电线路的运行负荷。

(2)在 P_a < P < P_b 区域,配电线路处在经济运行区域运行,说明这时的电网结构参数、电网运行参数和负荷变化范围总体是合理的,无须进行大的调整和改造,只需关注个别变压器是否存在非经济运行状态。

(3)在 P > P_b 区域,配电线路处于高负荷的非经济运行区域,线损中的可变损耗是影响网损率的关键因素,降低配电变压器铁损的降损措施效果已不显著。而这时电网改造和运行管理的重点是降低配电网的可变损耗,具体措施如加大配电线路导线截面面积,对重载配电变压器进行增容改造等。负荷调整的重点是均衡或合理降低配电网运行负荷,由于这时一般是负荷高峰期,上级电网往往有可能限电,可利用限电机会调整低压电网负荷,其降损效果也是可观的。

3. 配电线路的无功补偿

1)基本要求

（1）配电变压器配置的电容器容量宜综合考虑配电变压器容量、负载率现状及规划值、负荷性质和补偿后目标电压、功率因数等条件,经优化计算确定。一般可按变压器最大负载率为 75%、负荷自然功率因数为 0.85 考虑,补偿到变压器最大负荷时,其高压侧功率因数不低于 0.95,或按照变压器容量的 20% ~ 40% 进行配置。

（2）在供电距离远、功率因数低的 10 kV 架空线路上可适当安装电容器,其容量一般按线路上配电变压器（包括用户）总容量的 7% ~ 10% 配置（或经计算确定）,但不应在低负荷时向系统倒送无功。

（3）配电变压器的电容器组装设应以电压为约束条件,根据无功功率（或无功电流）进行分组自动投切的控制装置。

（4）应合理选择配电变压器的变比,以避免电压过高电容器无法投入运行。目前,10 kV 及以下配电网的电容器投入率较低,原因之一是配电网电压过高,电容器无法投入运行,因此应合理选择配电变压器的变比,尽量减少电压过高电容器无法投入运行的情况发生。

（5）电容器配置数量要合理。近几年,大规模的城网和农网建设和改造,电网的无功补偿水平有了明显提高,这些大都采用自动投切,但往往由于电容器配置数量太少,单只容量太大,投一级达不到要求的功率因数,再投一级又会因超过功率因数定值而投不上。

2)配电变压器无功补偿电容器的合理配置

变压器无功补偿电容器的合理配置包括电容器容量和数量的选择两个方面。

首先确定补偿后的配电变压器功率因数目标值。配电变压器功率因数目标值也就是其节能效益和电能质量最佳状态的经济功率因数值,主要取决于变压器所在位置的受电电压。一般来说,发电厂直供的,其经济功率因数较低;距离电源远且经过多级变压器的,其经济功率因数较高。配电变压器大多数是经过了 2 ~ 3 级变压,其经济功率因数范围为 0.9 ~ 0.95。当功率因数低于 0.9 时,变压器损耗较大、效率较差,运行不经济。例如 $\cos\varphi$ 由 0.80 提升到 0.90 时,其电能损耗可下降 10%。然而,也不是功率因数越高,就越经济。如在功率因大于 0.95 以后,要继续提高功率因数,则需要较大的无功补偿装备投资,而降损效果并不明显。

其次确定电容器的容量和数量。如果将功率因数的目标值定为 0.95,假定负荷的自然功率因数为 0.80,常用配电变压器所需的补偿电容器容量见表 4-25。

表 4-25　常用配电变压器所需的无功补偿容量

变压器额定容量（kV·A）	50	100	200	250	315
变压器满载消耗的无功功率（kvar）	3.25	6.10	11.60	14.25	17.64
变压器满载时补偿负载的无功功率（kvar）	21.06	42.13	84.26	105.33	132.71

确定了电容器的容量,电容器数量的选择应考虑理论上数量越多,调节越细,每只电容器的容量最好为制造厂的最小单元容量,但考虑到与功率因数自动调整器的配合,每台变压器的电容器数量不宜超过 12 只。另外,为保证变压器空载和变压器满载及接近功率因数设定值的投运率,建议首、末投入的电容器的容量为最小。常用配电变压器补偿的电容器选择见表 4-26。

表 4-26　常用配电变压器补偿的电容器选择

变压器额定容量(kV·A)	50	100	200	250	315
补偿电容器容量(kvar)× 数量(只)	8×3	8×6	9×9+5×3	10×12	12×12

3)中压配电线路无功补偿

对数量多的小容量配电变压器,若其低压侧没有进行无功补偿,则可采用 10 kV 户外并联电容器安装在架空线路的杆塔上(或另行架杆)进行无功补偿,具有投资少、回收快、补偿效率较高、便于管理和维护等特点。10 kV 配电线路无功补偿方案的基本要点是确定好安装位置、补偿容量和接线方式,最大限度地提高 10 kV 配电线路的功率因数,使其处于经济功率因数范围,达到降损目的。目前使用的 10 kV 柱上无功自动补偿装置中设置了完善的保护功能,可以控制各种故障的发展,提高电网的可靠性。

Ⅰ.安装位置的确定

为减少无功功率在线路上流动造成的有功损耗,无功补偿装置安装地点的选择应符合无功就近就地平衡的原则。对感性负荷较大的用户,应在用户处直接进行无功补偿,以补偿感性负荷及变压器绕组的无功损耗,并随无功负荷的变化而自动投切电容器组。对于一般公用配电线路,当无功补偿系统处于独立工作状态时,补偿点的选取直接影响到补偿效果,尤其在距离较长的线路上进行集中补偿。例如农网配电线路,其补偿点的影响更加明显。补偿设备安装点的选取与线路上负荷的分布情况直接相关。配电线路出口电压较高,无须进行补偿,线路末端电压偏低,电容器运行困难。一般情况下,当安装一组电容器时,可将自动补偿装置安装在距离配电线路电源侧 2/3 处或负荷集中处。目前,一些新型的无功自动补偿装置,可以根据配电网无功潮流分布情况实时补偿,达到最佳效果。如果线路很长,还可根据负荷情况选择两处补偿点,一处在线路 2/5 处,另一处在线路 4/5 处。一些距离很长或带有特殊负荷的线路为了保证补偿效果,往往在一条线路上安装多台补偿设备。

Ⅱ.补偿容量的确定

配电线路安装电容器组的最佳容量是按最大限度降低线损的原则确定的,最佳容量为线路平均无功负荷的 2/3。对此,要求收集整理近两年的线路运行数据,并统计汇总,确定无功补偿容量。

安装在线路上的电容器组,主要补偿的是配变励磁无功损耗和线路上电抗消耗的无功功率。多负荷点的 10 kV 配电线路的补偿位置应在配电线路距首端 2/3 处,补偿的容量应为无功负荷的 2/3。在确定具体某一条配电线路的补偿时,应充分调查该线路的平均无功负荷和最小无功负荷,这些数据可以从运行日志中获得。当线路的最小无功负荷小于平均无功负荷的 2/3 时,考虑到无功不应倒送,可固定安装补偿装置,但应按最小无功负荷确定固定补偿容量。当线路中有较大无功负荷点时,除应考虑与线路首端的距离外,还应考虑大的无功负荷点位置。此外,选择电容器时还应考虑电容器的过电压能力、耐受短路放电能力、涌流、运行环境和电容器的有功损耗等因素。

Ⅲ. 接线方式

补偿电容器组的接线方式和保护方式对电容器的安全运行影响很大,接线方式选择得正确,保护配置得合理,可使并联电容器的故障大为减少。目前,在 10 kV 配电系统中,并接的补偿电容器组的接线方式大体可分为星形接线、双星形接线和三角形接线三种,如图 4-9 所示。

Ⅳ. 无功补偿装置的保护功能

并联电容器补偿装置的故障、电容器本身的制造质量及其控制与保护装置的配置、电网运行参数和运行状态等直接关系到设备的可靠性和使用寿命,影响到供电企业及社会的经济效益。为此, 10 kV 柱上无功自动补偿装置应该设置完善的保护功能,以控制各种故障的发展,更好地提高功率因数、降低电能损失、减少设备损坏,提高电网的可靠性。

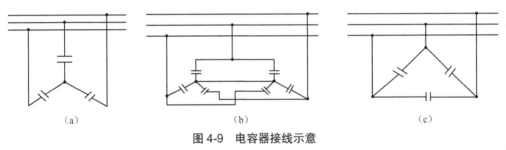

图 4-9　电容器接线示意
（a）星形接线　（b）双星形接线　（c）三角形接线

无功自动补偿装置的保护功能具体如下。①动态自检功能。控制器内部控制参数出错以及非严重性故障时均可闭锁。②自恢复功能。控制器出现控制程序混乱时, 1 s 内程序自动恢复正常,在此期间不会有误输出。③过电压保护功能。对于现代电力电容器,决定性的因素往往是耐受电压,而不是热的极限,电容器的使用年限与电压的 7 ~ 8 次方成反比。如电压提高 115%,则使用年限就要降低 2/3。故国际电工委员会(International Electrical Commission, IEC)规定,电压升高 1.10 倍,允许长期运行;电压升高 1.15 倍,允许运行 30 min;电压升高 1.20 倍,允许运行 5 min;电压升高 1.30 倍,允许运行 1 min。当电压高于过电压设定值并达到设定时间,必须切除电容器,并闭锁电容器控制,电压恢复正常时装置恢复正常控制;过电压设定值一般为 1.15 ~ 1.3 倍电容器额定电压,过电压保护设定时间要远小于电容器投切延时时间。④欠电压保护功能。如果电压为零或出现不正常的低值(如电容器额定电压的 80%),低于欠电压设定值并达到欠电压保护设定时间后,切除电容器并闭锁,在电压恢复正常水平后,自动进入正常控制。这是因为重新赋能时,电力变压器的励磁涌流中包含大量的谐波,而电容器可能在其中的某次谐波下与网络谐振。⑤过电流保护功能。系统电压波动、谐波和短路故障可能会引起过大的电容器电流。为保护电容器,在电容器电流高于过电流设定值并达到设定时间后,切除电容器;在电容器电流高于速断电流设定值并达到速断保护设定时间后,也切除电容器。⑥ 10 min 保护功能。电容器内部设有放电电阻,电容器从电网断开后能自行放电,一般情况下, 10 min 后即可降至 75 V 以下。如不放完剩余电荷就投入电容器,很可能会造成过电压及冲击电流,损坏电容器,因此延时 10 min 再进入控制。

4)低压配电网无功补偿的方法

对于低压配电网,提高功率因数的主要方法是采用低压无功补偿技术,人们通常采用的方法主要有三种:随机补偿、随器补偿、跟踪补偿。

（1）随机补偿。随机补偿就是将低压电容器组与电动机并接,通过控制、保护装置与电动机同时投切。随机补偿适用于补偿电动机的无功消耗,以补偿励磁无功为主,可较好地限制用电单位无功负荷。直接对广大工矿企业等用户的低压电动设备进行无功补偿是配电网节能和改进电压性能的有效手段,即将电容器直接装在用电设备附近,与用电设备并联,对电动机进行补偿。在对电动机进行无功补偿时,要注意会产生高次谐波,用电容器进行无功补偿,应先进行谐波测试与分析,以便采取相应的技术措施,防止谐波危害的发生。

随机补偿的优点是用电设备运行时无功补偿设备投入,用电设备停运时无功补偿设备退出,而且不需频繁调整补偿容量,且投资少、占位小、安装容易、配置方便灵活、维护简单、事故率低等。

（2）随器补偿。随器补偿是指将低压电容器通过低压熔断器接在配电变压器低压侧,以补偿配电变压器空载无功的补偿方式。配电变压器在轻载或空载时的无功负荷主要是变压器的空载励磁无功,配电变压器空载无功是用电单位无功负荷的主要部分,对于轻负载的配电变压器而言,这部分损耗占供电量的比例很大,从而导致电费单价的增加。低压电容器装设在配电变压器或其他设备(感性负载)低压出口处,随同设备一起投切,直接补偿电气设备本身的无功损耗,可避免空负载或轻负载时电压过高与电容器投入率低的矛盾。

随器补偿的优点是接线简单、维护管理方便、能有效补偿配电变压器空载无功,限制农网无功基荷,使该部分无功就地平衡,从而提高配电变压器利用率,降低无功网损,具有较高的经济性,是目前补偿无功最有效的手段之一。

随器补偿属于固定补偿,补偿容量通常推荐选用,有

$$Q_c = (0.95 \sim 0.98)Q_0$$

其中,Q_c 为补偿容量;Q_0 为空载无功。

（3）跟踪补偿。跟踪补偿是指以无功补偿投切装置作为控制保护装置,将低压电容器组补偿在大用户 0.4 kV 母线上的补偿方式,适用于 100 kV·A 以上的专用配电变压器用户,可以替代随机、随器两种补偿方式,补偿效果好。

跟踪补偿的优点是运行方式灵活、运行维护工作量小、与前两种补偿方式相比寿命相对延长、运行更可靠;缺点是控制保护装置复杂、首期投资相对较大。但当这三种补偿方式的经济性接近时,应优先选用跟踪补偿方式。

跟踪补偿方式的自动投切装置必须满足以下条件：①能够根据无功负荷的变化自动投切电容器组，使功率因数保持在 0.95 以上，且不出现过补偿；②能够实现各电容器组自动循环投切，使各组电容器、接触器使用概率接近，延长其整体使用寿命；③元器件性能稳定可靠，受环境影响小，便于维护；④具有过电压保护功能；⑤在轻负荷时，不会引起电容器组反复进行投切的振荡现象。

5）无功补偿的效益

对于多数配电变压器，在运行中均存在负荷波动大、负荷率低、功率因数低、同时率高等问题。多数时间段配电变压器在半载或轻载情况下运行，中午和晚上用餐时间段可能出现最高负荷。用户负载端一般没有无功补偿装置，自然功率因数 $\cos\varphi$ 一般在 0.7 以下，无功补偿装置要针对负荷的特点有的放矢，合理配置配电变压器的无功补偿装置，实现无功功率的就地平衡。对于电力系统来说，无功补偿装置既可安装在高压配电线路，也可安装在变压器低压侧。当然，若无功补偿装置安装在变压器低压侧，不仅可以提高功率因数，而且可以减少线路、变压器的损耗，提高变压器、线路的输送容量和利用率，减少系统的电压下降，改善电压质量。无功补偿装置越接近负荷端，获取的经济效益就越大。只要合理配置变压器的无功补偿电容器，加强设备的运行管理，确保电容器的投运率，就能提高电能质量和电网运行的经济性，增加可观的经济效益。

4. 合理调节配电网的运行电压

1）电压中枢点的调压方式

所谓电压中枢点，是指电力系统中监视、控制和调整电压的母线，对于供电企业通常选择枢纽变电站的 6～10 kV 母线作为电压中枢点。

电压中枢点的调压方式有三种，即逆调压、恒调压和顺调压。

（1）逆调压。在高峰负荷时升高电压、低谷负荷时降低电压的中枢点电压调整方式称为逆调压。若采用逆调压，在高峰负荷时可将中枢点电压升高至额定电压的 105%，低谷负荷时将其下降为额定电压。该调压方式适用于供电线路长、负荷波动较大的电压中枢点。

（2）恒调压。将电压中枢点的电压调整为一个基本不变的数值，一般是将中枢点电压调整至额定电压的 105%，这种调压方式称为恒调压。该调压方式适用于各供电负荷在一天内变化范围较小、电力网的电压损失较小的电压中枢点。

（3）顺调压。高峰负荷时允许中枢点电压略低，低谷负荷时允许中枢点电压略高的中枢点调压方式称为顺调压。若采用顺调压，高峰负荷时中枢点电压一般不低于额定电压的 102.5%，低谷负荷时中枢点电压不高于额定电压的 107.5%。该调压方式适用于线路电压损耗较小、负荷变动不大或用电单位允许电压偏移较大的电压中枢点。

2）调整电压的方法

常用的调整电力网电压的方法如下。

（1）改变发电机励磁电流进行调压。

（2）利用变压器分接头进行调压。

（3）利用无功补偿设备进行调压：①利用串联电容器调压；②利用并联电容器调压；③利用调相机调压；④利用并联电抗器调压。

（4）利用有载调压器进行调压。

（5）通过改变电力网无功功率分布进行调压。

（6）采用改变电力网的参数进行调压，如改变导线截面面积、改变变压器台数等。

3）合理进行配电网调压

配电网的调压主要是指通过调整变压器分接头、在母线上或线路中投切电容器等手段，在保证电压质量的基础上对电压做小幅度的调整。

配电网的运行电压对线路中变压器元件的固定损耗和可变损耗都有影响。配电线路的可变损耗与运行电压的平方成反比，固定损耗与运行电压的平方成正比，而配电网的总损耗随运行电压的变化是不确定的，要看在总损耗中是可变损耗占的比例大，还是固定损耗占的比例大。

当固定损耗比可变损耗大时，降低运行电压可使电网损耗减小；当固定损耗比可变损耗小时，提高运行电压可使电网损耗减小，即此时在输送功率不变的情况下，在配电线路额定电压允许波动的幅度内，适当提高运行电压，电流相应降低，电能损耗与流过的电流平方成正比，因此可明显地降低线路电能损耗。

4）调压效果计算

对于输送同样的负载功率，适当提高电网的运行电压，可以降低电流，减少损失。电网中的可变损失是与运行电压的平方成反比的，因此在允许范围内适当提高运行电压，既可改善电能质量，又可降低线损。

4.3.2　技术改造

配电网节电技术改造要在充分利用现有电网改造资金的基础上，在提高配电网供电容量和保证供电质量的前提下，运用优化定量计算新技术降低城乡电网的线损。如老旧变压器淘汰中要劣中汰劣，新型变压器选型中要优中选优，既要根据城网和农网负荷分布的特点，调整变压器运行位置与供电线路实现优化组合，又要根据电网中变压器与供电线路的分布状况，优化负荷经济分配和电网经济运行方式。

配电线路及设备的技术改造要遵循国家及上级相关技术装备政策、规范和导则等，改造以提高供电能力、供电质量和节能降损为目标。应充分掌握配电网运行现状，根据配电网，如城市电网及农村电网的不同特点，通过优化网络结构、简化电压等级、缩短供电半径、变电站及配电变压器合理布点、设备技术改造等手段，制订满足电力需求及电网安全经济运行的配电网降损技术改造规划方案和需重点遵循的技术改造原则。

1. 总原则

（1）配电网降损技术改造应将负荷实测及线损理论计算分析报告作为重要依据。

（2）配电网降损技术改造重点对象是局部高损区域及高损元件。

（3）配电网降损技术改造应结合配电网规划综合考虑。对电网发展中存在的暂时性问题、未来几年通过电网建设可解决的问题等,可结合电网规划逐步解决;对于在今后若干年内会持续存在的高损区域及高损元件,则应加快进行降损技术改造。

（4）配电网降损技术改造项目必须进行项目投资和降损效益的量化分析评估,满足项目全寿命周期内降损效益值大于项目投资及运行维护费用之和,并优先安排投资回收期短、效益显著的降损技术改造项目。

（5）高、中压配电网电压等级选择应优化电压序列(例如 6 kV 供电改为 10 kV,35 kV 升压改造成 110 kV),简化变压层次,避免重复降压。对现有配电网中存在的非标准电压等级,应采取限制发展、合理利用、逐步改造的原则。

（6）配电线路降损改造技术措施主要包括升压改造、细截面面积导线改造,改造对象应重点考虑线路线损率较高并且供电量较大的线路,项目投资回收期原则上应小于 10 年。配电变压器降损改造技术措施主要包括改造高能耗变压器、更换高能耗变压器,改造对象应重点考虑性能水平代号为 9 及以下的各级变压器,项目投资回收期原则上应小于 8 年。

2. 中压配电线路

（1）10(20)kV 公用配电线路实行分区分片供电,供电范围不宜交叉重叠。

（2）配电线路主干线宜分为 2~3 段,并装设分段断路器,分段距离根据负荷和电网结构确定,不宜超过 5 段。

（3）配电线路主干线路宜采用环网供电、开环运行接线方式,导线及设备应满足转移负荷的要求。中压配电网主干线导线截面面积应按中长期规划选型,不宜小于 $100\ mm^2$。

（4）公用配电线路宜采用架空线路,国家级经济技术开发区、城市繁华区域等特殊地段可采用电缆线路。

（5）弱电线路不应与电力线路同杆架设。

（6）10 kV 配电网线路长度限值:城市配电网 5 km,农村配电网 10 km。20 kV 配电网线路长度限值:城市配电网 10 km,农村配电网 20 km。

（7）改进或完善不正确的接线方式,包括迂回供电、卡脖子线路、配电变压器不在负荷中心等。

（8）配电变压器应按"小容量、密布点、短半径"的原则规划建设与改造。配电变压器的安装位置尽可能设置在负荷中心。城区三相油浸式配电变压器的容量不宜超过 630 kV·A,郊区及农村三相油浸式配电变压器的容量不宜超过 315 kV·A,干式配电变压器的容量不宜超过 1 000 kV·A。预装式变电站容量控制在 630 kV·A 及以下,一般选用 315 kV·A、400 kV·A、500 kV·A 和 630 kV·A。当负荷密度高、供电范围大时,通过技术经济比较可采用两点或多点布置。

（9）严重轻载运行、年最大负荷率低于 30%,且今后 2 年内负荷无明显增长的配电变压器换成合适容量的变压器,用电季节性变化大的综合配电台区可考虑采用调容配电变压器。

（10）当高压变电站(所)10 kV 出线数量不足或线路走廊条件受到限制时,应建设变电

站。变电站接线应力求简化,一般采用单母线分段接线方式。变电站再分配容量不宜超过
10 000 kV·A。变电站应按无人值班要求进行设计,具备遥测、遥信、遥控等功能,并配置备
用电源自动投切装置。

3. 配电设备及设施

(1)新装或更换的配电变压器均应采用 S13 及以上系列的低损耗变压器,单相配电变
压器宜采用低损耗卷铁芯变压器。

(2)变压器台架及其附属设施按照最终容量一次建成,在更换大容量配电变压器时台
架和附属设施不变。杆架式公用配电变压器的容量不宜大于 315 kV·A。当配电变压器容
量超过 315 kV·A 或需要安装在城区主要街道、绿化带及建筑群中时,可采用箱式变电站或
配电室。

(3)配电变压器的进出线采用绝缘导线或电力电缆,配电变压器的高低压接线端宜安
装绝缘护套。

(4)配电变压器的高压侧采用跌落式熔断器或断路器保护,低压侧装设刀熔开关或自
动断路器保护。配电变压器的高低压侧应装设硅橡胶氧化锌避雷器。

(5)配电变压器低压配电装置应具有防雷、过电流保护、无功补偿、计量等功能。

(6)改造或完善配电变压器无功补偿装置,电容器投切容量配置合理,能够实现自动化
投切电容器,提高功率因数。

(7)10 kV 断路器宜采用真空或 SF_6 重合器、分段器等具有就地、远方操作功能的智能
型、免维护、长寿命开关设备。

4. 低压配电网

(1)确定负荷中心,调整线路布局,减少或避免超供电半径现象。低压电网供电半径规
定:县城低压电网供电半径宜小于 150 m,当超过 250 m 时,必须进行电压质量校核;农村低
压电网供电半径一般应小于 500 m。

(2)合理设计低压主干线。

①低压主干架空线路宜采用绝缘导线,导线截面面积不应低于 63 mm²。

②低压线路供电半径不宜超过 400 m。

③低压线路可与 10 kV 配电线路同杆架设,并应为同一电源。低压线路与装有分段开
关的 10 kV 配电线路同杆架设时,不应跨越分段开关。

④低压主干线和各分支线的末端,零线应重复接地。三相四线制接户线在入户支架处,
零线也应重复接地。

(3)低压分支线宜采用架空绝缘导线或集束导线,导线截面面积原则上不应小于
35 mm²。

(4)低压接户线应使用绝缘导线,铝芯绝缘导线截面面积不小于 10 mm²,铜芯绝缘导
线截面面积不小于 4 mm²。

(5)合理配置低压进户线。

①居民用户按每户不小于 4 kW 容量配量。

②计量箱至每户的低压进户线,铝芯绝缘导线截面面积不小于 4 mm²,铜芯绝缘导线截面面积不小于 2.5 mm²。

③进户线不得与弱电线同孔入户。

④居民用户电能表应安装在计量表箱内,计量箱进线侧应装设总开关,分户电能表出口应装设分户开关。

5. 城市低压配电网

根据《中低压配电网改造技术导则》(DL/T 599—2016)相关规定,对于城市低压配电网改造,需遵循以下技术标准与要求。

(1)低压配电网应结构简单,安全可靠,宜采用以柱上变压器或配电室为中心的树枝放射式结构。相邻变压器低压干线之间可装设联络开关和熔断器,正常情况下各变压器独立运行,事故时经倒闸操作后继续向用户供电。

(2)低压配电网应有较强的适应性,主干线宜一次建成,今后不需要时,可插入新装变压器。

(3)低压配电网应实行分区供电的原则,低压线路应有明确的供电范围,低压架空线路不得越过中压架空线路的分段断路器。

(4)低压架空线路应推广使用绝缘线,架设方式可采用集束式或分相式。当采用集束式时,同一台变压器供电的多回低压线路可同杆架设。

(5)低压线路的供电半径不宜过大,为满足末端电压质量的要求,市区一般为 250 m,超过 250 m 时,应进行电压质量校核;城市繁华地区为 150 m。

(6)低压架空线路宜采用交联聚乙烯铝芯绝缘线,主干线截面面积宜采用 240 mm²、185 mm²、150 mm²,次干线宜采用 95 mm²、120 mm²,分支线宜采用 70 mm²,下户线不宜小于 35 mm²。城市低压电缆应选用交联聚乙烯电缆,主干线截面面积宜采用 240 mm²、185 mm²,分支线不宜小于 70 mm²。

(7)在三相四线制供电系统中,中性线截面面积宜与相线截面面积相同,在接入负荷时,应尽量使三相负荷电流基本平衡。为改善电压质量、降低线损,纯照明负荷的街区应避免采用单相供电。

(8)为多层楼房或单相负荷较大的用户供电的低压线路应采用三相四线制,三相负荷电流应基本平衡。

(9)接户线应采用耐气候的聚乙烯绝缘线,从同一电杆上引下的接户线较多时,可采取将主接户线引入分线箱,再从分线箱向用户引出接户线的措施。分线箱可装设在用户建筑物的外墙上,也可装设在专用电杆上。

(10)为防止中性线断线烧损用户家用电器,对于低压线路主干线和各分支线的末端,中性线应重复接地。三相四线制接户线在入户支架处,中性线也应重复接地。

(11)低压架空线路应采用节能型铝合金线夹,导线非承力接续采用压接型导线接续线夹或其他连接可靠的线夹,设备连接采用压接型接线端子。

4.3.3　技术降损案例分析

1.配电变压器技术降损

配电变压器运行在电力系统末端,是配电网中的主要设备,其分布面广、数量及总容量都相当大,尤其是城网改造后,配电装备得到大大改善,配电变压器容载比普遍偏高。在10 kV 及以下配电网中,配电变压器损耗电量约占 1/3,甚至更多。因此,开展城网改造后的配电变压器运行分析,探索配电变压器经济运行办法,对供电企业节能降损精细化管理工作具有十分重要的意义。

1)案例情况

某城市电网公用配电变压器有 291 台,配电总容量为 93 420 kV·A,平均每台容量为321 kV·A,共分为老城区和新城区两大区域。其中,老城区配电变压器情况见表 4-27。

表 4-27　老城区配电变压器情况

型号	容量(kV·A)						
	315	200	160	250	100	50	小计
S11	6	6	0	0	3	0	15
S9	19	33	0	1	3	0	56
S9-M	16	20	0	0	0	0	36
S7	23	22	2	0	4	2	53
SR	1	4	0	0	1	0	6
合计(台)	65	85	2	1	11	2	166
合计(kV·A)	20 475	17 000	320	250	1 100	100	39 245

从表 4-27 可以计算出,老城区配电变压器平均容量为 236 kV·A,200～315 kV·A 变压器台数为 150 台,占总台数的 90.4%;200～315 kV·A 变压器总容量为 37 475 kV·A,占总容量的 95.5%。S7 型变压器有 53 台,占总台数的 32%;容量合计为 12 465 kV·A,占总容量的31.8%。

新城区为国家级经济技术开发区,配电线路规划超前,其配电变压器情况见表 4-28。

表 4-28　新城区配电变压器情况

型号	容量(kV·A)												
	1 250	1 000	800	630	500	400	315	300	250	200	160	125	100	小计
S9	1	1	3	2	34	0	29	1	1	15	1	1	1	90
S11	2	1	3	5	8	1	5	0	1	0	0	0	0	26
SL7	0	0	0	1	2	0	1	0	0	2	0	0	0	6

型号	容量(kV·A)												
	1 250	1 000	800	630	500	400	315	300	250	200	160	125	100	小计
S7	0	0	0	0	0	0	1	0	0	0	1	0	1	3
合计(台)	3	2	6	8	44	1	36	1	2	17	2	1	2	125
合计(kV·A)	3 750	2 000	4 800	5 040	2 200	400	11 340	300	500	3 400	320	125	200	54 175

从表 4-28 可以计算出,新城区的配电变压器平均容量为 433.4 kV·A,200 kV·A、315 kV·A、500 kV·A 三类变压器共 97 台,占总台数的 77.6%;200 kV·A、315 kV·A、500 kV·A 三类变压器总容量为 36 740 kV·A,占总容量的 67.8%。新城区配电变压器的特点是容量种类多(达 13 个)、范围广(100 ~ 1 250 kV·A)、变压器平均容量大,还有 6 台未改造的 SL7 型铝芯变压器。

负荷代表日对该城市公用线路来讲,相当于当年最高负荷的 90% 左右,具有代表性。老城区以 6 号线路(负荷大、线损率高的线路)为典型线路,新城区以 28 号线路为典型线路,现在以该典型线路所带公用配电变压器负荷实测数据为依据,计算变压器运行平均负载系数。

老城区 6 号线路有公用配电变压器 33 台,其平均负载系数在 0.21 ~ 0.26 的有 5 台,平均负载系数在 0.001 ~ 0.18 的有 28 台。

新城区 28 号线路有公用配电变压器 14 台,平均负载系数在 0.24 以上的有 2 台,平均负载系数在 0.001 ~ 0.16 的有 12 台。

老城区 6 号线路和新城区 28 号线路线损率情况见表 4-29。

表 4-29　两条线路线损率情况

线路名称	当月统计线损率(%)	全年统计线损率(%)	典型日线损率(%)	典型日理论计算线损率(%)
老城区 6 号线路	7.41	8.48	7.5	4.27
新城区 28 号线路	6.39	5.54	7.4	4.13

为了便于分析,需要了解不同系列变压器经济运行区间,具体见表 4-30 至表 4-32。

表 4-30　不同容量 S7 系列配电变压器负载系数与损耗率对应区域

最佳运行区域			最劣运行区域(大马拉小车)		
容量(kV·A)	负载系数	损耗率范围(%)	容量(kV·A)	负载系数	损耗率范围(%)
100	0.2 ~ 0.75	1.68 ~ 2.1	100	< 0.2	≥ 2.1
200	0.2 ~ 0.75	1.43 ~ 1.78	200	< 0.2	≥ 1.78
315	0.2 ~ 0.75	1.23 ~ 1.59	315	< 0.2	≥ 1.59

表 4-31 不同容量 S9 系列配电变压器负载系数与损耗率对应区域

最佳运行区域			最劣运行区域（大马拉小车）		
容量 （kV·A）	负载系数	损耗率 （%）	容量 （kV·A）	负载系数	损耗率 （%）
100	0.25 ~ 0.75	1.4 ~ 1.59	100	＜ 0.2	≥ 1.82
200	0.25 ~ 0.75	1.18 ~ 1.36	200	＜ 0.2	≥ 1.54
315	0.25 ~ 0.75	1.05 ~ 1.21	315	＜ 0.2	≥ 1.36
500	0.25 ~ 0.75	0.94 ~ 1.08	500	＜ 0.2	≥ 1.3

表 4-32 不同容量 S11 系列配电变压器负载系数与损耗率对应区域

最佳运行区域			最劣运行区域（大马拉小车）		
容量 （kV·A）	负载系数	损耗率 （%）	容量 （kV·A）	负载系数	损耗率 （%）
100	0.2 ~ 0.7	1.17 ~ 1.14	100	＜ 0.15	≥ 1.82
200	0.2 ~ 0.7	0.988 ~ 1.156	200	＜ 0.15	≥ 1.45
315	0.2 ~ 0.7	0.885 ~ 1.04	315	＜ 0.15	≥ 1.25
500	0.2 ~ 0.7	0.78 ~ 0.93	500	＜ 0.16	≥ 1.21

2）配电变压器运行状况分析与节电潜力估算

从典型日负荷实测调查的配电变压器平均负载系数看，平均负载系数大于 0.21 的配电变压器仅有 7 台，占 14.7%；平均负载系数在 0.1 ~ 0.2 的配电变压器有 14 台，占 30%；平均负载系数小于 0.1 的配电变压器有 26 台，占 55.3%。

根据不同系列配电变压器经济运行区间的划分，把配电变压器实际平均负载系数与运行曲线对比，可以得出以下结论。

（1）该城市的典型线路配电变压器中，只有不足 15% 的配电变压器处于最佳运行区间，而 85% 的配电变压器处于负荷率过轻的状态，尤其是有 55.3% 的配电变压器平均负载系数都小于 0.1，处于最劣运行区间的高损耗率（2.2%~4%）状态。

（2）从整个城市配电网运行变压器来评估，可以粗略认定，有 85% 左右的配电变压器没有处在经济运行状态，变压器配置容量普遍偏大或者配置不合理。

（3）运行变压器多数处于非经济运行状态，再加上变压器三相不平衡电流、无功补偿不到位等影响，造成技术线损很高，导致近年来配电网线损率居高不下，达不到一流供电企业对配电线路线损率指标不超过 5% 的要求。

（4）老城区配电变压器还有 S7 系列变压器 50 余台，占总变压器台数的 32%，是急需淘汰的高能耗产品。

该年度，老城区供电量为 10 519 万 kW·h，新城区供电量为 9 203 万 kW·h，据此进行估算。

（1）调整配电变压器负荷或容量，使其从最劣运行区域到经济运行区域，至少可以降低线损率 1%,老城区每年可以节电 52.6 万 kW·h 以上,新城区每年可以节电 35 万 kW·h 以上。

（2）用 S11 系列替代 S7 系列变压器。315 kV·A 容量 S11 系列变压器与 S7 系列变压器比较,在最佳运行区间内损耗率可以降低 0.4%,在最佳运行区间内损耗率可以降低 1.2%,老城区 S7 系列变压器占 32%,新城区也有 9 台,如果全部替代,在当前非经济运行状态下,每年可以至少节电 20 万 kW·h。

3）降低配电变压器高损耗率的措施

针对上述配电变压器存在的高损耗率问题,可采取以下措施来解决。

（1）根据每个台区负荷情况,合理选择配电变压器容量,调整变压器大小,使变压器平均负载系数至少大于 0.2,符合变压器在经济运行区运行的条件。

（2）新增台区,从源头把关,充分考虑台区负荷性质以及负荷同时率、变压器效率、功率因数等因素,合理选择配电变压器容量,选择不低于 S11 系列变压器技术指标的节能变压器。

（3）对于负荷波动较大的台区,考虑安装子母变压器,其中一台（母变压器）按最大负荷配置,另一台（子变压器）按低负荷状态选择,高峰负荷由母变压器运行,低谷负荷由子变压器运行,这样就可以大大提高配电变压器利用率,降低配电变压器的空载损耗。

（4）对于用电季节性强、负荷波动大、用电集中、年平均负载率低的场所,可以采用双容可调节能变压器,提高配电变压器利用率,降低变压器损耗。

（5）严把变压器入口关,选用品质好、免维护,且技术指标能够达到技术条件要求的变压器厂家,确保铭牌指标与实际指标一致。

（6）应用非晶合金变压器。非晶合金变压器比 S9 系列变压器价格高 30%～50%,但节能效果明显。其空载损耗比硅钢片变压器可降低 80% 左右,所增加的成本可在该变压器运行 7～8 年后全部收回,无论是电力使用高峰或是低谷都是连续节能,且全密封免维护、运行费用极低、寿命可达 30 年左右,适用 315 kV·A 及以上的大容量配电变压器。

（7）对于电压波动比较大、变压器所带负荷比较小的台区,要进行合理调压,可以选用自动有载调压配电变压器。该类型变压器是同型号非有载调压配电变压器价格的 1.5 倍,但能够自动按照负荷大小适时调压,非常有利于节能降损,是提高和保持电压合格率的有效措施。如果采用人工调压,必须遵守如下原则:电源运行电压较低时,选用低的电压分接头;电源运行电压较高时,选用高的电压分接头;负载小时选用高的电压分接头,降低负载侧电压;负载大时选用低的电压分接头,提高负载侧电压。

（8）淘汰 S7 系列变压器,尤其是 SL7 系列铝芯变压器。S11 系列配电变压器是当今普遍推广的节能配电变压器,与 S9 系列配电变压器相比,每台配电变压器年耗电量平均降低 10.85%。

（9）合理配置负载,减少变压器运行台数。

（10）不断总结变压器台区负荷变化规律,掌握不同系列、不同容量配电变压器最佳运行区域的科学判定标准,不断比对变压器的经济运行情况,合理调配变压器大小,使变压器达到经济运行状态。

2. 配电网改造节能降损

对于某些配电网,由于各种原因,存在电源点与负荷中心距离过长、供电半径过大等问题,这类问题导致的网损问题需要通过配电网改造来实现。

1)案例情况

某供电区域 10 kV 配电所位于区域东侧,一台 S9-1250 型变压器从东侧向西有七个分路向整个供电区域供电,直线距离约为 120 m,低压配电线路主干线长度为 170 m。在正常情况下,供电负荷较为平稳,变压器低压侧电流均在 1 600 A 左右。

通过供电公司电能量采集系统可以得到某年 1—10 月该区域用电量情况,见表 4-33。

表 4-33　某年 1—10 月该区域用电量情况

月份	用电量(万 kW·h)	月份	用电量(万 kW·h)
1	32.76	6	34.75
2	48.81	7	24.118
3	56.39	8	39.31
4	42.67	9	43.7
5	25.54	10	36.56
月平均	38.461		

各分路所带主要设备容量及配电主干线路情况见表 4-34。

表 4-34　各分路所带主要设备容量及配电主干线路情况

序号	分路容量(kW)	分路导线型号 - 截面面积(mm²)	主干线路长度(m)	主要设备容量统计 [台数 × 容量(kW)]
1	326.9	BLX-185	170	$2 \times 90 + 2 \times 22 + 1 \times 25 + 1 \times 40 + 1 \times 18.5 + 2 \times 3 + 2 \times 1.5 + 10.2$
2	229	BLX-185	170	$2 \times 110 + 3 \times 3$
3	155.5	BLX-95	170	$1 \times 30 + 1 \times 15 + 2 \times 3 + 1 \times 72 + 1 \times 11 + 1 \times 1.5 + 4 \times 4$
4	202	BLX-185	170	$1 \times 55 + 1 \times 37 + 1 \times 110$
5	247	BLX-120	170	$1 \times 110 + 2 \times 55 + 2 \times 1.5 + 1 \times 11 + 1 \times 7.5 + 1 \times 5.5$
6	240	BLX-120	170	$1 \times 75 + 3 \times 55$
7	59.4	BLX-120	170	$2 \times 7.5 + 3 \times 3 + 2 \times 1.5 + 2 \times 11.2 + 1 \times 10$

2)配电变压器运行情况分析

配电所变压器均为 S9-1250 型,其空载损耗为 1.95 kW,负载损耗为 12 kW。

(1)最佳经济运行区:$\beta = 0.75$ 时所对应的损耗率区间,为最佳经济运行区,即最佳负载系数区间为 $0.4 \leqslant \beta \leqslant 0.75$,对应最佳损耗率范围为 0.81% ~ 0.98%。

（2）经济运行区:合理的负载系数范围为 $0.75 < \beta \leqslant 1$ 或 $0.2 \leqslant \beta < 0.4$,对应的损耗率范围为 $0.99\% \sim 1.17\%$。

（3）非经济运行区:负载系数范围为 $1 < \beta \leqslant 1.2$ 或 $0 \leqslant \beta < 0.2$,对应的损耗率范围为 $1.18\% \sim 3.5\%$。

配电变压器在每月约有 20 d 负载系数在 1.0 ~ 1.12,少数天数负载系数在 0.1 以下。配电变压器(S9-1250 型)长期处于非经济运行区的高损状态,变压器损耗率范围为 $1.18\% \sim 3.5\%$。

年损耗率按照平均较低水平 1.33% 计算,根据某年 1—10 月用电量测算全年用电量为 462 万 kW·h,那么该年配电所变压器损耗电量至少为 6.1 万 kW·h。

3)配电变压器高损耗率解决措施

考虑该区域短期内负荷不会出现大的增长,可以考虑新增一台 S11-800 型变压器,均衡分担原来配电所一台变压器的负荷。

按照均衡分配负荷原则,原来 S9-1250 型变压器分担配电所总负荷的 61%,新增 S11-800 型变压器分担配电所总负荷的 39%。

对于 S9-1250 型变压器,此时负载系数发生了较大变化,每月可有 20 d 左右负载系数在 0.27 ~ 0.68,其余时间负载系数在 0.10 以下;对于 S11-800 型变压器,此时的负载系数每月可有 20 d 左右在 0.27 ~ 0.44,其余时间负载系数在 0.10 以下;即两台变压器能够长期处于最佳经济运行区,对于 S9-1250 型变压器,其损耗率范围为 $0.81\% \sim 0.98\%$,平均为 0.89%;对于 S11-800 型变压器,其损耗率范围为 $0.72\% \sim 0.88\%$,平均为 0.8%。

年损耗率与原来一台变压器运行时的 1.33% 相比,可分别下降 0.44% 和 0.55%,按照该年用电量 462 万 kW·h 测算,该年配电所变压器损耗电量至少可降低 2.241 万 kW·h。

4)低压线路主干线损耗计算

查阅相关资料可知,配电所七个配电分路主干线路电阻值参数分别为 185 mm² 导线为 0.17 Ω/km,120 mm² 导线为 0.27 Ω/km,95 mm² 导线为 0.34 Ω/km。

根据某月用电量 43.7 万 kW·h,计算平均日用电量为 1.46 万 kW·h,平均日负荷电流为 1 520 A。各分路电流按照设备容量均衡分配计算,功率因数 $\cos\varphi = 0.95$,负荷曲线形状系数取 1.1,各分路日理论线损电量见表 4-35。

表 4-35　配电所各分路日理论线损电量

序号	负荷（kW）	线路电阻（Ω）	平均电流（A）	理论线损电量（kW·h）
1	229.0	0.290	238	152
2	326.9	0.290	340	309
3	202.0	0.290	210	118
4	155.5	0.580	162	140
5	247.0	0.046	257	281
6	240.0	0.046	250	265

序号	负荷(kW)	线路电阻(Ω)	平均电流(A)	理论线损电量(kW·h)
7	59.4	0.046	62	16
小计	1 459.8	—	—	1 281

根据表4-35,用日理论线损电量与日用电量之比,可以算出配电所低压主干线路综合线损率为8.77%。低压主干线路年损耗率按照8.77%计算,该年全年用电量预计有462万kW·h,该年配电所低压主干线路损耗电量约为40.53万kW·h。

5)降低线路损耗解决措施

将现有配电变压器迁移至负荷中心,由10 kV铝芯185 mm² 电缆引入,此时的线路电阻值为0.029 Ω,按照日负荷1 460 kW、日电流58 A计算,高压电缆线损率仅为0.05%。

配电变压器移入负荷中心后,低压线路干线将被取代,此时线路线损率主要表现在高压电缆,此时原线路线损率可降低8.72%,根据该年用电量462万kW·h测算,配电所低压主干线路损耗电量会减少40.3万kW·h。

6)结论

该案例分析论证了配电所选点到负荷中心、配电变压器负载系数控制在经济运行范围的巨大降损节能效果,是配电网建设与改造中配电所布点、变压器容量配置的一个典型案例。

3.调整运行电压节能降损

1)案例情况

某公司是用电大户,企业用电电源主要是从当地供电部门所属的110 kV变电站35 kV母线出线的专线配电到企业降压配电所。从变电站到公司降压配电所配电线路供电距离为6.6 km,配电线路导线型号为LGJ-300,配电所共有四台变压器,一台SZ11-31500型、一台SZ11-10000型、两台SZ11-8000型,总装机容量为57 500 kV·A,变压器变电电压为35 kV/10 kV。

几年来,该公司正常生产时,最大负荷常常达到45 000 kW,平均负荷也在41 000 kW左右,日用电量平均为98万kW·h,企业无功补偿装置齐全、完善,并且可以随着负荷变化自动投切,正常情况变压器功率因数$\cos\varphi$平均为0.98。2019年公司为了扩大再生产,需要新增用电容量5 000 kV·A,这给公司配电网设备带来了新的挑战。

2)线路运行经济性分析

通过查阅相关手册,可以查出,供电线路LGJ-300型导线的安全载流量在环境温度为25 ℃时为700 A。

在供电电压为35 kV、功率因数$\cos\varphi$平均为0.98的情况下,按照企业最大有功负荷45 000 kW计算,最大负荷电流为757.5 A,最大负载系数$\beta=1.08$,已经超出了LGJ-300型导线的安全载流量限值700 A;如果按照平均负荷41 000 kW计算,平均负荷电流为690.1 A,平均负载系数为0.986,也已经接近导线安全载流量限值。

对于 LGJ-300 型导线,当负载系数 $\beta > 0.78$ 或 $\beta < 0.78$ 时,配电线路运行处于非经济运行状态,据此可得出以下结论:该公司的配电线路长期处于高损耗的非经济运行状态。就线路本身导线载流量或负载系数而言,该配电线路已经远远超过了线路导线经济运行限值,同时导线已经处于满载或超载状态,不仅存在运行不经济问题,而且存在较大的安全隐患与风险。如果再新增负荷,在 35 kV 供电电压下线路导线本身会不堪重负,长期运行必然会发生事故。

3)配电系统线损计算分析

下面计算分析一下该公司配电系统线损方面存在的问题。

通过查阅 LGJ-300 型导线参数可知,单根导线的电阻为 $0.107\ \Omega/km$,那么 6.6 km 单根导线电阻为 $0.706\ 2\ \Omega$。

(1)最大负荷状态。当负荷处于最大状态时,负荷电流为 757.5 A,这时线路每小时的功率损耗为

$$\Delta P_L = 3 \times 757.5^2 \times 0.706\ 2 \times 1 \times 10^{-3} = 1\ 215.67\ \text{kW·h}$$

(2)平均负荷状态。当负荷处于平均状态时,负荷电流为 690.1 A,这时线路每小时的功率损耗为

$$\Delta P_L = 3 \times 690.1^2 \times 0.706\ 2 \times 1 \times 10^{-3} = 1\ 008.96\ \text{kW·h}$$

(3)变压器总损耗为空载损耗与负载损耗之和。

最大负荷时,

$$\Delta P = P_0 + \Delta P_k = 42.26 + 85.342 = 127.602\ \text{kW·h}$$

平均负荷时,

$$\Delta P = P_0 + \Delta P_k = 42.26 + 70.82 = 113.108\ \text{kW·h}$$

(4)损耗电量计算。配电网的总损耗包括线路损耗、变压器空载损耗和变压器负载损耗三部分,即

$$\Delta P = \Delta P_L + P_0 + \Delta P_k$$

那么,当配电网处于最大负荷状态时,其每小时总损耗为

$$\Delta P = 1\ 215.67 + 42.26 + 85.342 = 1\ 343.272\ \text{kW·h}$$

当配电网处于平均负荷状态时,其每小时总损耗为

$$\Delta P = 1\ 008.96 + 42.26 + 70.82 = 1\ 122.04\ \text{kW·h}$$

当配电网处于最大负荷状态时,其线损率为

$$\Delta P\% = \frac{1\ 343.272}{45\ 001} \times 100\% = 2.98\%$$

当配电网处于平均负荷状态时,其线损率为

$$\Delta P\% = \frac{1\ 122.04}{40\ 997.2} \times 100\% = 2.74\%$$

由上述理论计算可知,该公司目前在 35 kV 配电线路的供电状态下,其线损率在 2.74% ~ 2.98%,由于专线用户购电量表计安装在线路首端,因此从电源点变电站到企业厂区内部配电所变压器,日购电量按 100 万 kW·h 估算,日电量损耗在 2.74 ~ 2.98 万 kW·h,

可见每日耗电量巨大。

4）配电系统运行总体评价

通过上述计算,可以得到下列结论。

（1）在当前 35 kV 供电电压及现有用电负荷情况下,线路导线已经处于满载或超载状态,不仅存在高损耗的非经济运行问题,而且存在较大的安全隐患与风险,更不能新增负荷进行扩大再生产。

（2）无论是最大负荷还是平均负荷,配电变压器线损率均处于高能耗状态。

5）降损节能措施

通过对该公司用电电源点的变电站、配电线路及厂区配电所的现场调查,发现有以下升压改造的有利条件:电源点 110 kV 变电站的 110 kV 母线留有空余出线间隔,35 kV 专线通道良好,线路及杆塔质量优良,并且杆塔横担导线之间设计间距较大,符合 110 kV 电压等级的安全距离要求,厂区配电所区域较大,便于进行扩容改造,新增 110 kV 变压器可选用 110/35/10 型三绕组变压器。原来的 35 kV 变压器为 SZ11 系列,均属于当前节能型变压器,可以继续使用。

通过上述升压改造有利条件的分析,对 35 kV 配电网进行升压改造具有较大可能性。只需要将原有 35 kV 配电线路改造升压为 110 kV 配电线路,并在厂区新增 110 kV、容量为 63 000 kV·A 变压器及相应配套装备,即可满足公司增容扩大再生产及降损节能的需要。

（1）载流量与经济性验证。依据三相交流电有功功率公式可以算出,在 110 kV 配电电压情况下,当最大负荷为 45 000 kW、功率因数保持原来水平时,其最大负荷电流为 241 A,远远小于 LGJ-300 型导线的安全载流量限值 700 A;同时,此时的导线负载系数 β 为 0.344,处于 $0.25 \leqslant \beta \leqslant 0.70$ 的经济运行区域,配电线路运行处于最佳经济运行状态,判定线路运行经济。

（2）配电网线损率计算。通过查询 110 kV SZ11-63000 型变压器铭牌参数,可知其空载损耗和负载损耗分别为 46.9 kW 和 255 kW,变压器高压侧额定电流为 330.67 A。

当负荷处于最大状态时,负荷电流 I_{max} 为 241 A,这时线路每小时的功率损耗为

$$\Delta P_L = 3 \times 241^2 \times 0.706\,2 \times 1 \times 10^{-3} = 123.05 \ kW \cdot h$$

最大负荷时,变压器每小时负载功率损耗为

$$\Delta P_k = \beta^e \times P_k = (241/330.67)^2 \times 255 = 135.45 \ kW \cdot h$$

配电网每小时的总损耗等于线路损耗、变压器空载损耗和变压器负载损耗三部分之和,即

$$\Delta P = \Delta P_L + \Delta P_k + P_0 = 123.05 + 135.45 + 46.9 = 305.4$$

配电网线损率为

$$\Delta P\% = \frac{\Delta P}{P} \times 100\% = \frac{305.4}{44\,997} \times 100\% = 0.678\%$$

通过上述计算分析可知,最大负荷状态下, 110 kV 供电方式的线损率（0.678%）比 35 kV 供电方式时平均线损率（2.86%）约降低了 2.2%。即每日购电量为 100 万 kW·h 情况

下,日降损电量为 2.2 万 kW·h,按照目前年购电量约 20 000 万 kW·h 计算,年度降损节能电量为 440 万 kW·h,降损效果巨大。

6)结论

对于高能耗大负荷用户,研究其配电网构成及负荷水平,采取电网升压改造、导线及变压器容量扩容、使用新型节能型变压器等有效节能措施,不仅有利于降低企业的生产成本、增加企业经济效益,而且更有利于促进全社会节能减排工作。只要坚持不懈地解决高能耗大用户的降损节能问题,必将会为全面建设节约型社会做出巨大贡献。

第5章 电网技术降损分析与评价

5.1 电网技术降损节能量化计算

电网技术降损节能量化计算是进行区域电网技术降损分析与评价工作的基础,科学统一的计算方法是保证分析评价结果公平有效的前提,本书前述章节中,对电网网损相关计算给出了理论公式和计算方法,本节所述内容为前述章节中计算方法的提炼、总结和应用。

5.1.1 节能量化计算规范性引用文件

下列文件对技术降损节能量化计算是必不可少的,凡是注日期的引用文件,仅注日期的版本适用于本文件;凡是不注日期的引用文件,其最新版本(包括所有的修改单)适用于本文件。

(1)《电力变压器能效限定值及能效等级》(GB 20052—2020)。

(2)《城市配电网规划设计规范》(GB 50613—2013)。

(3)《标准电压》(GB/T 156—2017)。

(4)《电能质量 供电电压偏差》(GB/T 12325—2008)。

(5)《电力变压器经济运行》(GB/T 13462—2008)。

(6)《中低压配电网能效评估导则》(GB/T 31367—2015)。

(7)《电网节能项目节约电力电量测量和验证技术导则》(GB/T 32823—2016)。

(8)《中低压直流配电电压导则》(GB/T 35727—2017)。

(9)《并联无功补偿节约电力电量测量和验证技术规范》(GB/T 36571—2018)。

(10)《220 kV~750 kV 变电站设计技术规程》(DL/T 5218—2012)。

(11)《导体和电器选择设计规程》(DL/T 5222—2021)。

(12)《电力网电能损耗计算导则》(DL/T 686—2018)。

(13)《城市电力网规划设计导则》(Q/GDW 156—2006)。

(14)《电力系统无功补偿配置技术导则》(Q/GDW 1212—2015)。

(15)《分布式电源接入电网技术规定》(Q/GDW 1480—2015)。

(16)《配电网规划设计技术导则》(Q/GDW 1738—2012)。

(17)《配电网技术导则》(Q/GDW 10370—2016)。

5.1.2　电网网架及无功优化典型技术降损措施节电量计算

1. 增加无功补偿的节电量计算

在电网中某一点增设无功补偿容量 Q_C 后,从该点至电源点所有串联的线路、变压器的无功潮流都将减少 Q_C,从而使该点以前串接元件的电能损耗减少。

为了简化计算,假设计算期网架结构及负荷不变,串接元件只考虑到上一级电压母线。根据《电力网电能损耗计算导则》(DL/T 686—2018),计算变电站无功补偿节电量,即

$$\Delta(\Delta A) = Q_C(K_Q - \tan\delta)T \tag{5-1}$$

其中,$\Delta(\Delta A)$ 为增加无功补偿后的节电量,$kW\cdot h$;Q_C 为无功补偿投入的容量,$kvar$;K_Q 为该点以前无功潮流流经的各串接元件的无功经济当量的总和;$\tan\delta$ 为电容器的介质损耗角正切值;T 为无功补偿设备的投运时间,h。

计算所需原始数据来源见表 5-1 和表 5-2。

(1)无功补偿容量、介质损耗角正切值是设备自身参数,其中介质损耗角正切值可根据电容器结构参照表 5-1 选取。

表 5-1　典型介质常数对照

典型介质常数	二膜一纸	全膜	三纸二膜
$\tan\delta$	0.000 8	0.000 5	0.001 2

(2)无功经济当量可根据电容器所处位置通过表 5-2 选取。

表 5-2　无功经济当量取值对照

	取值
变压器受电位置	0.02 ~ 0.04
发电厂母线直配	0.05 ~ 0.07
变电站	0.05 ~ 0.07
配电变压器	0.08 ~ 0.10
校正前功率因数在 0.9 以上	0.02 ~ 0.04

2. 缩短供电距离节电量计算

缩短供电距离是指通过优化电网网架结构、调整路径等措施缩短线路供电距离,进而减小线路等效电阻,降低损耗。

为了简化计算,假设计算期负荷及运行方式不变,忽略沿线的电压损失对能耗的影响,忽略温度对导线电阻的影响。

电力线路缩短供电距离后的节电量为

$$\Delta(\Delta A)=3I_{\mathrm{rms}}^2\left(R_1-R_2\right)T\times10^{-3} \tag{5-2}$$

其中,$\Delta(\Delta A)$为线路更换导线后的节电量,$kW\cdot h$;I_{rms}为线路的均方根电流,A;R_1为改造前导线电阻,Ω;R_2为改造后导线电阻,Ω;T为线路运行时间,h。

计算所需原始数据来源:平均电流来源于能量管理系统(Energy Management System,EMS),线路等效电阻来源于线路实测或技术手册。

3. 电网升压改造节电量计算

电网升压改造是指通过提高电网网架电压等级,减小流经电网网架电流,进而减小网架电阻损耗。

为了简化计算,假设计算期负荷不变,改造后线路的均方根电流采用线路平均电流进行简化,各负荷节点的功率因数均与输电线路首端相等。

在线路路径不变并且导线型号相同的情况下,升压改造降损效果计算如下:

$$\Delta(\Delta A)=3I_{\mathrm{rms}}^2R_1\left(1-\frac{U_1^2}{U_2^2}\right)T\times10^{-3} \tag{5-3}$$

在线路路径不同或者导线型号更换的情况下,升压改造降损效果计算如下:

$$\Delta(\Delta A)=3I_{\mathrm{rms}}^2R_1\left(1-\frac{R_2U_1^2}{R_1U_2^2}\right)T\times10^{-3} \tag{5-4}$$

其中,$\Delta(\Delta A)$为升压改造后节电量,$kW\cdot h$;I_{rms}为升压改造前线路均方根电流,A;U_1为升压改造前线路电压,kV;U_2为升压改造后线路电压,kV;R_1为升压改造前导线电阻,Ω;R_2为升压改造后导线电阻,Ω;T为线路运行时间,h。

计算所需原始数据来源:平均电流来源于能量管理系统(EMS),线路等效电阻来源于线路实测或技术手册。

5.1.3　设备节能选型典型技术降损措施节电量计算

1. 变压器改造节电量计算

变压器改造是指通过更换节能型变压器、增容改造等措施降低变压器损耗。

为了简化计算,假设计算期网架结构及负荷不变。

根据《电力网电能损耗计算导则》(DL/T 686—2018),主变压器功率损耗为

$$\Delta P=P_0+\beta^2 P_k \tag{5-5}$$

其中,ΔP为变压器功率损耗,kW;P_0为变压器空载损耗,kW;β为变压器平均负载率;P_k为变压器额定负载损耗,kW。

主变压器改造的节电量为

$$\Delta(\Delta A)=(\Delta P_2-\Delta P_1)T \tag{5-6}$$

其中,$\Delta(\Delta A)$为更换变压器节电量,$kW\cdot h$;ΔP_1为改造前变压器功率损耗,kW;ΔP_2为改造后变压器功率损耗,kW;T为变压器运行时间,h。

变压器改造节能量计算的原始数据来源:空载损耗、额定负载损耗数据来自变压器自身

参数,平均负载率来自能量管理系统(EMS)。

2. 导线截面面积增加节能量计算

截面面积增加是指通过更换大截面面积导线减小线路单位长度电阻,进而降低输电线路损耗。

为了简化计算,假设计算期负荷及运行方式不变,忽略沿线的电压损失对能耗的影响,忽略温度对导线电阻的影响。

电力线路截面面积增加后的节电量为

$$\Delta(\Delta A) = 3I_{rms}^2(R_1 - R_2)LT \times 10^{-3} \quad (5\text{-}7)$$

其中,$\Delta(\Delta A)$ 为线路截面面积增加后的降损电量,kW·h;I_{rms} 为线路的均方根电流,A;R_1 为改造前导线单位长度电阻,Ω/km;R_2 为改造后导线单位长度电阻,Ω/km;L 为导线长度,km;T 为线路运行时间,h。

导线截面面积增加节能量计算所需原始数据来源:线路均方根电流来自能量管理系统(EMS),导线单位长度电阻来自导线技术手册。

5.1.4 电网经济运行典型技术降损措施节电量计算

1. 调整电网运行电压节电量计算

调整电压是指通过调整变压器分接头,或在母线上投切电容器及调相机,在保证电能质量的基础上对电压做小幅度的调整。当电网可变损耗(铜损)占主导时,提高电压运行有利于降损;当电网固定损耗(铁损)占主导时,降低电压运行有利于降损。

为了简化计算,假设计算期网架结构及负荷不变,在运行电压调整前后运行方式不变,只考虑到下一级电压母线。

调压水平与电网铜铁损比之间的关系,可参照表 5-3。

表 5-3　调压水平与电网铜铁损比之间的关系

电压提高率 α(%)	1	2	3	4	5
铜铁损比	1.02	1.04	1.061	1.082	1.10
电压提高率 α(%)	−1	−2	−3	−4	−5
铜铁损比	0.98	0.96	0.941	0.922	0.903

根据《电力网电能损耗计算导则》(DL/T 686—2018),计算调整电压后电网降损电量,即

$$\alpha = \frac{U' - U}{U} \times 100\% \quad (5\text{-}8)$$

$$\Delta(\Delta A) = \Delta A_R\left(1 - \frac{1}{(1+\alpha)^2}\right) - \Delta A_G\alpha(2+\alpha) \quad (5\text{-}9)$$

其中,$\Delta(\Delta A)$ 为调整电网运行电压后的降损电量,kW·h;U 为调压前母线电压,kV;U' 为调压后母线电压,kV;α 为母线电压调整率;ΔA_R 为调压前被调电网的可变损耗电量,kW;ΔA_G 为调压前被调电网的固定损耗电量,kW。

调整电网运行电压节电量计算所需原始数据来源:电网调整前后的运行电压数据来自能量管理系统(EMS),被调电网的可变损耗电量、固定损耗电量可以从 D5000 理论线损在线计算系统或者线损理论计算报表中获得。

2. 变压器经济运行节电量计算

变压器经济运行是指通过对变压器负载率实施经济调整,降低变压器的电能损耗。

为了简化计算,变压器经济运行前后的网架、负荷不变。

根据《电力网电能损耗计算导则》(DL/T 686—2018),采取变压器经济运行后的降损效果计算,变压器综合功率损耗为

$$\Delta(\Delta A) = k(\beta_2^2 - \beta_1^2)P_k T \qquad (\beta_2 < \beta_j) \tag{5-10}$$

$$\Delta(\Delta A) = k(\beta_1^2 - \beta_2^2)P_k T \qquad (\beta_2 > \beta_j) \tag{5-11}$$

其中,$\Delta(\Delta A)$ 为改变平均负载后的降损电量,kW·h;k 为形状系数;β_1、β_2 分别为改变变压器负载前、后的平均负载系数;β_j 为变压器经济负载系数;P_k 为变压器额定负载功率损耗,kW;T 线路运行时间,h。

$$\beta_j = \frac{1}{k}\sqrt{\frac{P_0}{P_k}} \tag{5-12}$$

其中,P_0 为变压器空载损耗,kW;P_k 为变压器额定负载损耗,kW。

经济运行区间上限为变压器在额定负载运行,下限为与上限综合功率损耗率曲线相等的另一点,经济运行区间上限负载系数为1,下限负载系数为 β_j^2。最佳经济运行区上限为变压器在 75% 负载运行,下限为与上限综合功率损耗率曲线相等的另一点,经济运行区间上限负载系数为 0.75,下限负载系数为 $1.33\beta_j^2$。

变压器经济运行节电量计算所需数据来源:空载损耗、额定负载损耗来自变压器自身参数,形状系数(均方根电流 I_{rms} 与平均电流 I_{av} 的比值)来自能量管理系统(EMS),平均负载系数来自能量管理系统(EMS)。

3. 平衡台区低压三相负荷节能量计算

平衡台区低压三相负荷降损是指通过平衡台区低压线路三相负荷,优化不同相导线的负荷分配,降低线路与变压器损耗。

为了简化计算,假设计算期运行方式及负荷不变;三相四线制线路的相线、中性线等效电阻相同,各相功率因数相同;只计算线路损耗和变压器铜耗,不考虑变压器的磁滞损耗和涡流损耗以及无功补偿装置等电力设备自身的损耗。

1)线路降损节电量

三相平衡时,线路损耗为

$$\Delta A_1 = 3 \times (k I_{av})^2 R_{eqL} T \times 10^{-3} \tag{5-13}$$

其中，ΔA_1 为三相平衡时损耗的电能量，$kW \cdot h$；R_{eqL} 为线路分相等效电阻，Ω；k 为形状系数；I_{av} 为单相电流的平均值，A；T 为线路运行时间，h。

$$R_{eqL} = \frac{\sum_{j=1}^{m} A_j^2 R_i}{(\sum_{i=1}^{n} A_i)^2} \tag{5-14}$$

$$R_i = L r_0 \tag{5-15}$$

其中，A_j 为第 j 计算线段供电的用户电能表的抄见电量之和，$kW \cdot h$；R_i 为第 i 条线段的电阻，Ω；A_i 为用户电能表的抄见电量，$kW \cdot h$；L 为配电线路导线长度，km；r_0 为每千米线路电阻，Ω/km。

$$I_{av} = \frac{I_A + I_B + I_C}{3} \tag{5-16}$$

其中，I_A、I_B、I_C、I_0 分别为 A、B、C 三相和中性线均方根电流值，A。

三相不平衡时，线路损耗为

$$\Delta A_2 = (I_A^2 + I_B^2 + I_C^2 + I_0^2) R_{eqL} T \times 10^{-3} \tag{5-17}$$

其中，

$$I_0^2 = \frac{1}{2} \left[(I_A - I_B)^2 + (I_A - I_C)^2 + (I_B - I_C)^2 \right] \tag{5-18}$$

定义各相不平衡度为

$$\lambda_A = \frac{I_A - I_{av}}{I_{av}}$$

$$\lambda_B = \frac{I_B - I_{av}}{I_{av}} \tag{5-19}$$

$$\lambda_C = \frac{I_C - I_{av}}{I_{av}}$$

三相平衡后线路降损电量为

$$\Delta(\Delta A) = \Delta A_2 - \Delta A_1 = (2\lambda_A^2 + 2\lambda_B^2 + 2\lambda_C^2 - \lambda_A \lambda_B - \lambda_A \lambda_C - \lambda_B \lambda_C) R_{eqL} I_{av}^2 T \times 10^{-3} \tag{5-20}$$

2)变压器降损节电量

Ⅰ. 附加铁耗

Yyn0 接线的配电变压器采用三铁芯柱结构，其高压侧无零序电流，低压侧有零序电流。零序电流产生的附加铁损为

$$P_0 = I_0^2 R_0 \tag{5-21}$$

其中，I_0 为变压器零序电流均方根值，A；R_0 为变压器零序电阻，Ω；P_0 为变压器零序电流导致的损耗。

Ⅱ. 附加铜耗

配电变压器三相平衡时，三相绕组的总损耗为

$$P_{f1} = 3I_{av}^2 R_1 \qquad (5\text{-}22)$$

$$I_{av} = \frac{I_A + I_B + I_C}{3} \qquad (5\text{-}23)$$

其中，I_{av} 为三相平均电流，A；R_1 为变压器绕组等效电阻，Ω。

配电变压器三相不平衡运行时，三相绕组的总损耗为

$$P_{f2} = (I_A^2 + I_B^2 + I_C^2) R_1 \qquad (5\text{-}24)$$

其中，I_A、I_B、I_C 分别为三相电流均方根值，A；R_1 为变压器绕组等效电阻，Ω。

三相平衡后变压器降损电量为

$$\begin{aligned}\Delta(\Delta A) &= (P_{f1} - P_{f2} + P_0)T \\ &= \frac{1}{3}R_1\left[(I_A-I_B)^2 + (I_A-I_C)^2 + (I_B-I_C)^2\right]T + I_0^2 R_0 T\end{aligned} \qquad (5\text{-}25)$$

平衡台区三相负荷节电量计算所需原始数据来源：用户电能表的抄见电量来自营销系统，配电线路导线长度来自设备管理系统，每千米线路电阻值取自线路理论参数，三相均方根电流的平均值来自运行参数。

4. 电磁环网开环运行节电量计算

对于导线材质、截面面积及线间几何均距均相同的均一电网，环网运行较为经济，确定开环点时需使开环后的网络功率分布接近经济功率分布。对于非均一电网，环网开环运行可降低电网稳定运行的风险与损耗。

为了简化计算，假设计算期除开环点外，网架结构、负荷及运行方式不变，评价电网为非均一电网。

根据《电力网电能损耗计算导则》（DL/T 686—2018），环网线路开环后的节电量为

$$\Delta(\Delta A) = \frac{F}{U^2}\sum_{i=1}^m (S_{li}^2 - S_{lig}^2)R_{li}T\times10^{-3} \qquad (5\text{-}26)$$

$$F = I_{rms}^2 / I_{max}^2 \qquad (5\text{-}27)$$

其中，$\Delta(\Delta A)$ 为环网开环后降损电量，$kW\cdot h$；U 为环网送端母线平均电压，kV；S_{li} 为最高负荷时，合环运行各线段的视在功率，$kV\cdot A$；S_{lig} 为最高负荷时，解环后各线路段的视在功率，$kV\cdot A$；R_{li} 为各段线路电阻，Ω；T 为线路运行时间，h。

电磁环网开环运行节电量计算所需原始数据来源：环网送端母线平均电压、合环运行各线段的视在功率、解环后各线段的视在功率来自能量管理系统（EMS）或配电自动化系统，各段线路电阻来自线路实测参数或导线技术手册。

5. 电磁环网消除无功环流节能量计算

在电磁环网不开环的情况下，通过消除无功环流减少环网中各支路损耗。

为了简化计算，假设计算期网架结构及负荷不变。

电磁环网消除无功环流后的节电量为

$$\Delta(\Delta A) = \left[\sum_{i=1}^N (I_{(i)rms}^2 R_i) - \sum_{i=1}^N (I_{(i)rms}'^2 R_i')\right]\times T \qquad (5\text{-}28)$$

其中, $\Delta(\Delta A)$ 为消除无功环流后的降损电量, $kW \cdot h$; N 为环网支路总数; i 为环网支路编号; $I_{(i)\mathrm{rms}}$ 为消除无功环流前第 i 条支路的均方根电流值, A; R_i 为消除无功环流前第 i 条支路的电阻, Ω; $I'_{(i)\mathrm{rms}}$ 为消除无功环流后第 i 条支路的均方根电流, A; R'_i 为消除无功环流后第 i 条支路的电阻, Ω; T 为线路运行时间, h。

电磁环网消除无功环流节能量计算所需原始数据来源:环网支路总数、日均方根电流来自能量管理系统(EMS),支路电阻来自实测线路参数或导线技术手册。

6. 谐波治理节电量计算

通过治理电网谐波,降低线路与变压器损耗。

为了简化计算,假设计算期网架结构及负荷不变;在谐波治理后运行方式不变;对于在各次谐波影响下产生的变压器损耗的量化,忽略谐波对变压器铁损的影响,仅计算谐波引起的铜损。

用谐波抑制前的网损量与谐波抑制后的网损量之差来量化抑制电网谐波产生的降损效果。计算方法为抑制谐波前后,谐波产生的损耗之差。电网谐波治理的效果可用总谐波畸变率(Total Harmonic Distortion,THD)的变化来表征。

考虑集肤效应,配电变压器等效电阻可用如下基波电阻模型来表示:

$$R_{\mathrm{Teq}n} = \sqrt{n}R_{\mathrm{Teq}1} \tag{5-29}$$

其中, $R_{\mathrm{Teq}n}$ 为 n 次谐波影响下配电变压器的等效电阻, Ω; n 为谐波次数; $R_{\mathrm{Teq}1}$ 为配电变压器的基波电阻, Ω。

配电变压器谐波损耗为

$$P_{\mathrm{Tloss}} = 3\sum_{n=2}^{m} I_{\mathrm{jf}n}^2 R_{\mathrm{Teq}n} = 3I_{\mathrm{jf}1}^2 R_{\mathrm{Teq}1}\sum_{n=2}^{m}\sqrt{n}THD_n^2 \tag{5-30}$$

其中, P_{Tloss} 为配电变压器谐波附加损耗, kW; $I_{\mathrm{jf}n}$ 为第 n 次谐波的谐波电流, A; $I_{\mathrm{jf}1}$ 为基波电流(A); THD_n 为 n 次谐波电流与基波电流的比值; m 为最大谐波次数。

输电线路的谐波电阻模型可以表示为

$$R_{\mathrm{Leq}n} = nrl \tag{5-31}$$

其中, $R_{\mathrm{Leq}n}$ 为 n 次谐波影响下输电线路的等效电阻, Ω; r 为输电线路的单位长度电阻, Ω/km; l 为导线长度, km。

输电线路谐波损耗为

$$P_{\mathrm{Lloss}} = 3\sum_{n=2}^{m} I_{\mathrm{jf}n}^2 R_{\mathrm{Leq}n}\times 10^{-3} = 3I_{\mathrm{jf}1}^2 R_{\mathrm{Leq}1}\sum_{n=2}^{m} nTHD_n^2\times 10^{-3} \tag{5-32}$$

其中, P_{Lloss} 为输电线路谐波损耗, kW。

因谐波产生的变压器和线路总附加损耗为

$$\Delta P_{\mathrm{Z}} = P_{\mathrm{Tloss}} + P_{\mathrm{Lloss}} \tag{5-33}$$

采取抑制谐波措施后谐波电流畸变率减小,因谐波产生的变压器和线路损耗减少量即为降损量。

$$\Delta(\Delta A) = \left(\Delta P_{Z\_before} - \Delta P_{Z\_after}\right)T \tag{5-34}$$

其中，ΔP_{Z_before}、ΔP_{Z_after} 分别为治理前后同一时刻的因谐波产生的变压器和线路附加损耗之和，kW。

5.2　电网典型技术降损措施节能量化计算算例

为了更清晰地描述电网节能量化计算的内容，通过电网典型技术降损算例来进一步说明计算方法和计算过程。

5.2.1　电网网架优化降损节能量化计算算例

1. 增加无功补偿后的降损节能量化计算算例

（1）以某 110 kV 变电站 10 kV 电容器组改造为例，此次新增无功补偿容量为 6 000 kvar，电容器的介质损耗角正切值为 0.003 5，补偿点前无功经济当量为 0.03，假设无功补偿装置在最大节电力情况下投运 1 000 h。

通过本次改造，年节电量为

$$\Delta(\Delta A) = 6\ 000 \times (0.03 - 0.003\ 5) \times 1\ 000 = 15.9 \times 10^4\ \text{kW·h}$$

（2）以某 10 kV 台区加装带有无功补偿的低压综合配电箱为例，此次改造应用的无功补偿全投容量值为 30 kvar，电容器的介质损耗角正切值为 0.003 5，无功经济当量为 0.09，假设无功补偿装置在最大节电力情况下投运 2 000 h。

通过本次改造，年节电量为

$$\Delta(\Delta A) = 30 \times (0.09 - 0.003\ 5) \times 2\ 000 = 5\ 190\ \text{kW·h}$$

2. 缩短供电距离降损节能量化计算算例

以某 220 kV 线路为例，改造前导线型号为 $2 \times \text{LGJ-400}$，导线路径长度为 8.167 km，单位线长导线电阻为 0.04 Ω/km，改造后导线型号仍为 $2 \times \text{LGJ-400}$，导线路径长度缩短为 6.837 km，导线电流简化取年平均电流（547.22 A）计算，线路年运行时间为（8 760−24）h。

通过本次改造，年节电量为

$$\Delta(\Delta A) = 3 \times 547.22 \times 0.04 \times (8.167 - 6.837) \times (8\ 760 - 24) \div 1\ 000$$
$$= 42.187 \times 10^4\ \text{kW·h}$$

3. 电网升压改造的降损节能量化计算算例

以某 35 kV 线路为例，原 35 kV 线路长度为 21.3 km，线路理论电阻为 5.33 Ω，LGJ-120 的导线升压改造为 LGJ-300，导线长度变为 17.5 km，线路实测电阻为 1.7 Ω。选取典型日理论计算数据，当日输送电流 279.7 MW·h，损耗电量 8.566 MW·h。

因此，该 35 kV 线路升压改造前的功率损耗为

$$\Delta P_1 = 8.566 \times 10^3 / 24 = 356.9\ \text{kW}$$

升压改造的月节电量为

$$\Delta(\Delta A) = 356.9 \times \left[1 - \frac{1.7 \times 35^2}{5.33 \times 110^2}\right] \times 31 \times 24 \div 1\,000 = 257 \text{ MW·h}$$

5.2.2　设备节能选型降损节能量化计算算例

1. 变压器改造降损节能量化计算算例

（1）以某地市公司 110 kV 变电站为例，原变压器为 SFSZ8-40000/110，空载损耗为 45.8 kW，负载损耗为 132.8 kW、76.7 kW、98.1 kW，改造前平均负载率为 80%、60%、40%。改造前年损耗电量为

$$\Delta A_1 = (45.8 + 132.8 \times 0.8^2 + 76.7 \times 0.6^2 + 98.1 \times 0.4^2) \times (8\,760 - 24) = 212.68 \times 10^4 \text{ kW·h}$$

此次改造将该变压器更换为 SZ11-50 000/110，空载损耗为 34 kW，负载损耗为 119.55 kW、75.55 kW、88.65 kW，改造后平均负载率为 64%、48%、32%。改造后年损耗电量为

$$\Delta A_2 = (34 + 119.55 \times 0.64^2 + 75.55 \times 0.48^2 + 88.65 \times 0.32^2) \times (8\,760 - 24)$$
$$= 153.50 \times 10^4 \text{ kW·h}$$

通过本次改造，年节电量为

$$\Delta(\Delta A) = \Delta A_1 - \Delta A_2 = 59.18 \times 10^4 \text{ kW·h}$$

本项目投资 296.12 万元，按照当年当地结算电价 0.415 96 元/（kW·h）测算，年节能收益 24.62 万元，项目静态回收期 12.03 年。

（2）以某地市公司某配电变压器台区为例，原变压器为 S9-400，空载损耗为 0.8 kW，负载损耗为 4.52 kW，改造前平均负载率为 40%，改造前年损耗电量为

$$\Delta A_1 = (0.8 + 4.52 \times 0.4 \times 0.4) \times (8\,760 - 24) = 13\,306.7 \text{ kW·h}$$

此次改造将该变压器更换为 S13-400，空载损耗为 0.41 kW，负载损耗为 4.52 kW，改造后平均负载率为 40%，改造后年损耗电量为

$$\Delta A_2 = (0.41 + 4.52 \times 0.4 \times 0.4) \times (8\,760 - 24) = 9\,899.6 \text{ kW·h}$$

通过本次改造，年节电量

$$\Delta(\Delta A) = \Delta A_1 - \Delta A_2 = 3\,407.1 \text{ kW·h}$$

（3）某农网配电变压器台区季节性负荷变化大，平时长时间段处于空载、轻载状态，全年平均负载率为 24%，2 月和 3 月春节期间用电需求突增，负载率超过 80%，有过载运行的安全隐患，其他月平均负载率为 12.8%。原变压器为 S7-200，空载损耗为 0.54 kW，额定负载损耗为 3.5 kW，改造前年损耗电量为

$$\Delta A_1 = (0.54 + 3.5 \times 0.128\,2) \times (8\,760 - 1\,464) + (0.54 + 3.5 \times 0.8^2) \times 1\,440$$
$$= 12\,123.96 \text{ kW·h}$$

其中，1 464 为等效运行时间，由（60×24）+24 得到（其中 60 为 2 月和 3 月的总天数，24 为检修时间）。

改造更换为 ZGS11-400（125）型调容变压器，在用电需求较低的情况下运行在 125 kV·A 挡位，空载损耗为 0.24 kW，额定负载损耗为 1.8 kW，负载率为 20.5%，在 2 月和 3 月运行在

$400\,kV\cdot A$ 挡位,空载损耗为 $0.57\,kW$,额定负载损耗为 $4.52\,kW$,负载率为 40%,假设变压器每年检修时间为 $24\,h$,改造后年损耗电量为

$$\Delta A_2 = (0.24 + 1.8 \times 0.205\,2) \times (8\,760 - 1\,464) + (0.57 + 4.52 \times 0.42) \times 1\,440$$
$$= 10\,328.91\,kW\cdot h$$

通过本次改造,年节电量为

$$\Delta(\Delta A) = \Delta A_1 - \Delta A_2 = 1\,795.05\ kW\cdot h$$

2. 截面面积增加的降损节能量化计算算例

以某 $10\,kV$ 线路为例,改造前导线型号为 LGJ-70,导线路径长度为 $0.62\,km$,单位线长导线电阻为 $0.358\,\Omega/km$,改造后导线型号为 JKLYJ-120,导线路径长度为 $0.62\,km$,单位线长导线电阻为 $0.253\,\Omega/km$,导线电流简化取年平均电流($82.5\,A$)计算,线路年运行时间为 ($8\,760-24$)h。

通过本次改造,年节电量为

$$\Delta(\Delta A) = 3 \times 82.5 \times 82.5 \times (0.358 - 0.253) \times 0.62 \times (8\,760 - 24) \div 1\,000$$
$$= 1.16 \times 10^4\,kW\cdot h$$

3. 调整电网运行电压降损节能量化计算算例

以某 $220\,kV$ 变电站为例,变电站主变压器损耗与 $110\,kV$ 线路损耗见表 5-4 和表 5-5,调压前该站 $110\,kV$ 系统日可变损耗电量(铜损)、固定损耗电量(铁损)分别为 $14\,999.4\,kW\cdot h$、$3\,902.6\,kW\cdot h$,调整主变压器分接头后,$110\,kV$ 母线电压由 $115.75\,kV$ 提高至 $116.85\,kV$,母线电压调整率 α 为 0.95,通过本次电压调整,该站 $110\,kV$ 系统日节电量为

$$\Delta(\Delta A) = 14\,999.4 \times \left[1 - \frac{1}{(1+0.95)^2}\right] - 3\,902.6 \times 0.95 \times (2+0.95) = 117.75\,kW\cdot h$$

表 5-4　主变压器损耗统计

电压等级 （kV）	变压器 名称	额定容量 （MV·A）	输送电量 （MW·h）	铜损 （kW·h）	铁损 （kW·h）	铜铁损比	总损失电量 （MW·h）	变损率 （%）
220	1 号主变压器	180	1 775.747 5	3 188.6	1 974	1.615 3	5.162 5	0.290 7
220	2 号主变压器	180	2 386.887 2	4 955.3	1 928.6	2.569 4	6.883 9	0.288 4

表 5-5　110 kV 线路损耗统计

序号	电压等级（kV）	线路名称	型号	长度（km）	输送电量（MW·h）	损耗（kW·h）	线损率（%）
1	110	1 号出线	LGJ-300	9.9	0.023 5	23.5	100
2	110	2 号出线	LGJ-300	20.22	0.015 1	15.1	100
3	110	3 号出线	LGJ-150	15.4	0.002 3	1.2	52.173 9
4	110	4 号出线	LGJ-240	26.246	500.152	3 725.3	0.744 8
5	110	5 号出线	LGJ-150	6.775 8	326.878 9	1 130.8	0.345 9
6	110	6 号出线	LGJ-300	21.49	268.555 7	887.2	0.330 4

序号	电压等级（kV）	线路名称	型号	长度（km）	输送电量（MW·h）	损耗（kW·h）	线损率（%）
7	110	7 号出线	LGJ-185	20	249.475 7	776.8	0.311 4
8	110	8 号出线	LGJ-300	21.49	211.260 1	295.6	0.139 9

4. 变压器经济运行后的降损节能量化计算算例

以某 35 kV 变电站为例，该站并列运行两台变压器，型号为 SZ11-10000/35，空载损耗为 9.76 kW，额定负载损耗为 46.91 kW，负载率分别为 9.3%、22.4%。假设变压器每年检修时间为 24 h，改造前年损耗电量为

$$\Delta A_1 = (9.76 + 46.91 \times 0.093\,2) \times (8\,760 - 24) + (9.76 + 46.91 \times 0.224\,2) \times (8\,760 - 24)$$
$$= 30.08 \times 10^4 \text{ kW·h}$$

此次停运负载率为 9.3% 的变压器，另一台变压器负载率提升为 31.7%，改造后年损耗电量为

$$\Delta A_2 = (9.76 + 46.91 \times 0.317\,2) \times (8\,760 - 24) = 21.54 \times 10^4 \text{ kW·h}$$

通过本次改造，年节电量为

$$\Delta(\Delta A) = \Delta A_1 - \Delta A_2 = 8.54 \times 10^4 \text{ kW·h}$$

5. 平衡台区低压三相负荷后的降损节能量化计算算例

1）线路降损节能量化计算算例

某低压台区单线图如图 5-1 所示，根据《额定电压 1 kV 及以下架空绝缘电缆》（GB /T 12527—2008），JKLYJ-120/1 单位电阻为 0.253 Ω/km，JKLYJ-70/1 单位电阻为 0.443 Ω/km，JK-LYJ-35/1 单位电阻为 0.868 Ω/km，各节点表计抄见电量见表 5-6。三相负荷平衡治理后，相电流均为平均电流 194.7 A，降低电量损耗计算结果见表 5-7。

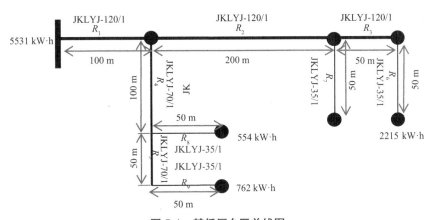

图 5-1　某低压台区单线图

表 5-6　台区等效电阻

编号	1	2	3	4	5	6	7	8	9
电阻（Ω/km）	0.025 3	0.050 6	0.012 65	0.044 3	0.022 15	0.043 4	0.043 4	0.043 4	0.043 4
供出的抄见电量（kW·h）	5 361	4 045	2 215	1 316	762	2 215	1 830	554	762
等效电阻 R_{eqL}	0.073								

$$R_{eqL} = \frac{\left(A_1^2 R_1 + A_2^2 R_2 + \cdots + A_9^2 R_9 \right)}{\left(A_1 + A_2 + \cdots + A_4 \right)^2} = 0.073 \ \Omega$$

式中，$A_1, A_2, \cdots, A_9$ 为每段线的"抄见电量"。

表 5-7　线路三相不平衡治理节电量

时间	三相不平衡治理			
	I_a（A）	I_b（A）	I_c（A）	I_{av}（A）
1 点	69	112	163	114.67
2 点	92	102	148	114.00
3 点	142	152	178	157.33
4 点	155	153	167	158.33
5 点	156	155	198	169.67
6 点	164	113	341	206.00
7 点	185	152	343	226.67
8 点	166	132	341	213.00
9 点	166	113	351	210.00
10 点	163	142	353	219.33
11 点	116	138	355	203.00
12 点	113	151	356	206.67
13 点	111	155	331	199.00
14 点	115	151	333	199.67
15 点	116	153	336	201.67
16 点	166	146	338	216.67
17 点	151	155	319	208.33
18 点	188	151	353	230.67
19 点	116	152	341	203.00
20 点	189	112	353	218.00
21 点	179	113	330	207.33
22 点	119	173	311	201.00
23 点	183	172	198	184.33
24 点	102	122	199	141.00

时间	三相不平衡治理			
	I_a（A）	I_b（A）	I_c（A）	I_{av}（A）
均方根电流值（A）	146.45	141.83	302.58	194.69
不平衡度 λ	-0.247 79	-0.271 542 6	0.554 130 8	
三相负荷不平衡治理 后降损电量	73.56 kW·h			

2）变压器降损节能量化计算算例

型号为 SJ-250、10 kV/0.4 kV 变压器的零序电阻 $R_0 = 0.162\ \Omega$，绕线电阻 $R_1 = 0.011\ 1\ \Omega$。实测某台区 24 h 电流见表 5-8。平衡三相负荷电流后，一天节省电量为 $\Delta(\Delta A)$。

表 5-8　实测某台区 24 h 电流

时间	三相不平衡治理			
	I_a（A）	I_b（A）	I_c（A）	I_0（A）
1 点	69	112	163	82
2 点	92	102	148	52
3 点	142	152	178	32
4 点	155	153	167	13
5 点	156	155	198	43
6 点	164	113	341	207
7 点	185	152	343	177
8 点	166	132	341	194
9 点	166	113	351	216
10 点	163	142	353	201
11 点	116	138	355	229
12 点	113	151	356	226
13 点	111	155	331	202
14 点	115	151	333	202
15 点	116	153	336	204
16 点	166	146	338	183
17 点	151	155	319	166
18 点	188	151	353	186
19 点	116	152	341	178
20 点	189	112	353	213
21 点	179	113	330	193
22 点	119	173	311	171
23 点	183	172	198	23

续表

时间	三相不平衡治理			
	I_a(A)	I_b(A)	I_c(A)	I_0(A)
24 点	102	122	199	89
均方根电流值	158.27	141.83	302.58	153

可减少零序电流损耗功率为

$$P_0 = I_0^2 R_0 = 3.8 \text{ kW}$$

可减少附加铜损为

$$\Delta P_f = P_{f1} - P_{f2} = 0.173 \text{ kW}$$

可减少总损耗功率为

$$\Delta P = \Delta P_f + P_0 = 3.973 \text{ kW}$$

一天内可节损降耗电量为

$$\Delta(\Delta A) = \Delta P \times T = 3.973 \times 24 = 95.35 \text{ kW·h}$$

6. 电磁环网开环运行降损节能量化计算算例

10 kV AA 线与 10 kV BB 线环网运行,线路接线方式如图 5-2 所示，AA 线线路型号为 YJV22-8.7/15 kV-3 × 240,线路长度为 3.7 km,BB 线线路型号为 YJV22-8.7/15 kV-3 × 185,线路长度为 5 km。假设最大负荷时,合环运行无环流,负荷均由母线侧流向负荷侧,各负荷节点的视在功率分布见表 5-9;选择点④作为开环点,开环后点④运行在 AA 线。

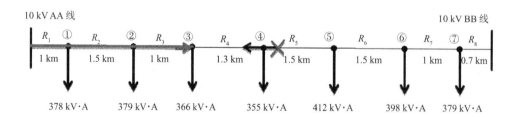

图 5-2　最大负荷时线路各点的视在功率分布

表 5-9　变电站峰谷差

线段	线路长度（km）	R（Ω）	合环 S_{lj}（kV·A）	开环 S_{ljg}（kV·A）
1	1	0.075 4	1 123	1 478
2	1.5	0.113 1	745	1 100
3	1	0.075 4	366	721
4	1.3	0.128 83	0	355
5	1.5	0.148 65	355	0

续表

线段	线路长度（km）	R（Ω）	合环时 $S_{\text{l}i}$（kV·A）	开环 $S_{\text{l}ig}$（kV·A）
6	1.5	0.148 65	767	412
7	1	0.099 1	1 165	810
8	0.7	0.069 37	1 544	1 189

U 取 10 kV，T 取典型日（24 h），负载比 F 为

$$F = \frac{I_{\text{rms}}^2}{I_{\text{max}}^2} = 0.862$$

环网开环后降损电量为

$$\Delta(\Delta A) = \frac{F}{U^2} \sum_{i=1}^{m} (S_{\text{l}i}^2 - S_{\text{l}ig}^2) R_{\text{l}i} \times 10^{-3} = 0.862 \times 24 \times 0.01 \times 28\,705 \times 0.001 = 5.9 \text{ kW·h}$$

7. 电磁环网消除无功环流节能量化计算算例

以电网某 330 kV/220 kV 电磁环网为例，当环网中 A 变电站一台主变压器挡位在 10 挡，额定电压及抽头级差为 363 kV/（242 ± 10 × 1.25%）kV/11 kV，B 变电站 1 号、2 号两台主变压器挡位在 6 挡，额定电压及抽头级差为 363 kV/（242 ± 8 × 1.25%）kV/11 kV 时，无功环流值约为 104.8 Mvar。调整 B 变电站 2 台变压器分接头挡位，1 号主变压器、2 号主变压器挡位调整到 9 挡时无功环流消失。当存在无功环流时，该电磁环网中的 330 kV 线路和 220 kV 线路损耗共计 1.363 MW + 4.935 Mvar，3 台主变压器损耗共计 0.078 MW + 75.616 Mvar，合计 1.441 MW + 80.551 Mvar。而无功环流消除后，线路损耗共计 1.156 MW + 4.594 Mvar，变压器损耗共计 0.078 MW + 75.616 Mvar，合计 1.223 MW + 80.21 Mvar。通过本次改造后，日节电量 =1 000 × （1.441−1.223）× 24 = 5 232 kW·h。

8. 谐波治理降损节能量化计算算例

以某段供电线路（图 5-3）为例，线路导线型号为 LGJ-185/30，长度为 10 km，变压器为 S11-M-315/10kV 型油浸式配电变压器。

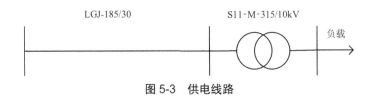

LGJ-185/30　　　　　　　S11-M-315/10kV　　　负载

图 5-3　供电线路

由线路和变压器参数计算线路电阻为 1.6 Ω，变压器电阻为 3.68 Ω。算例中各谐波电流幅值在变压器高压侧和低压侧近似相同，基波电流为 24.68 A。以不同谐波电流畸变率模拟谐波抑制前后的不同状态，谐波电流畸变率及各次谐波含有率见表 5-10。

表 5-10　谐波电流畸变率及各次谐波含有率

n	3	5	7	11	13	THD
	5.50	0.09	1.60	0.50	1.90	6.7
THD_n	6.70	4.70	5.70	2.60	5.40	11.8
	12.90	2.80	6.10	0.30	2.90	15.4

谐波电流畸变率为 6.7%，$n=3$、5、7、11、13 时，各次谐波造成的变压器损耗为

$$P_{\text{Tloss}} = 3 \times 24.68^2 \times 3.68 \times \sum \sqrt{n THD_n^2}$$

输电线路损耗总损耗为

$$\Delta P_Z = P_{\text{Tloss}} + P_{\text{Lloss}} = 49.11 + 46.31 = 95.42 \text{ W}$$

谐波电流畸变率为 11.8% 时，按上述方法代入相应的谐波电流畸变率及各次谐波含有率，计算各次谐波造成的变压器损耗为 229.08 W，输电线路损耗为 270.73 W，总损耗为499.81 W；当谐波畸变率为 15.4% 时，各次谐波造成的变压器损耗为 292.40 W，输电线路损耗为 265.83 W，总损耗为 558.23 W。采取谐波抑制措施将谐波电流畸变率从 11.8% 降至6.7% 时，降损量为 404.39 W；采取抑制谐波的措施将谐波电流畸变率从 15.4% 降至 6.7%时，降损量为 462.81 W。

5.3　区域电网技术降损分析评价报告

区域电网技术降损分析评价工作是对区域电网的技术降损工作情况的分析和总结，通常以年度报告的形式开展。从电网基本情况、变电设备降损评价、输电线路降损评价、配电设备降损评价、配电线路降损评价等方面开展分析，全面梳理电网网架、设备选型、经济运行现状，查找薄弱环节，提出具有针对性的降损措施及项目计划。

其中，区域电网的定义为地市级电网公司；统计范围为地市公司管辖范围内一次设备；数据来源为 PMS2.0（设备台账、无功报表）、调控 D5000 系统（OPEN3000）、AVC（VQC）系统、供电服务指挥系统、电能量采集系统、配电自动化系统、用电信息采集系统、同期线损系统等；运行数据统计时间以年度为单位；区域划分，A+、A、B 区域可等同为地市级公司管辖范围，C、D、E 区域可等同为县级公司管辖范围，如实际区域划分不同造成超出标准值，可在明细表中进行标注说明，统计表中不进行统计；技术降损措施和项目计划，应与前面数据统计和问题分析内容相对应，制订具有针对性的措施和项目计划。

本节以某区域电网为例，对其技术降损情况开展分析评价，并形成技术降损分析评价报告。

5.3.1　区域电网基本情况

该区域电网供电面积为 1 459 km²，供电人口为 74.29 万人。2019 年年度售电量为 27.6亿 kW·h。

2019 年公司综合线损率为 3.04%，典型负荷代表日理论计算线损率为 3.23%（典型日 7 月 24 日，代表日负荷为 12 607.1 MV·A），平均购电价为 0.44 元 /（kW·h）。

截至 2019 年年底，35 kV 及以上交流变电站 35 座，主变压器 78 台，变电总容量为 2 480.80 MV·A；10 kV 及以上并联电容器 148 组，容量为 403.80 Mvar；10 kV 及以上并联电抗器 148 组，容量为 18.21 Mvar；静态无功补偿器 0 组，容量为 0.00 Mvar；静止无功补偿发生器 0 组，容量为 0.00 Mvar；35 kV 及以上输电线路 77 条，线路总长度为 1 060.06 km，其中架空线路长度为 981.03 km，电缆线路长度为 79.04 km。

10（20/6）kV 公用变压器 4 669 台，配电总容量为 2 139.77 MV·A；低电并联电容器 4 654 组，容量为 677.94 Mvar；10（20/6）kV 配电线路 392 条，线路总长度为 4 641.27km，其中架空线路长度为 3 689.12 km，电缆线路长度为 958.16 km。

5.3.2　变电设备降损评价

对照《国家电网有限公司技术降损工作管理规定》相关条款，对主变压器负载率、无功补偿配置、变压器高压侧功率因数等进行全面评价。

从电网安全、经济等维度综合分析，共计 60 台变压器存在降损潜力，长期投入电容器 0 组，未投入电容器 4 组，频繁投切电容器 7 组，需要逐一深入开展论证分析，采取有效技术降损措施，降低电网损耗。

1. 主变压器非经济运行统计

区域电网共有 30 台非经济运行主变压器，负载率在 10% 以下的轻载主变压器有 9 台，占全部主变压器的 11.54%；负载率在 10%~30% 的轻载主变压器有 17 台，占全部主变压器的 21.79%；负载率在 70% 以上的重载主变压器有 4 台，占全部主变压器的 5.13%。存在一定的轻载变压器，主要原因为考虑远期负荷规划和安全运行裕度，设计的容量留有裕度较大。110 kV×× 五站 2 号变电站等 17 台主变压器和 35 kV 大 ×× 站 2 号变电站等 9 台主变压器负载率低于 30%，主要原因为考虑远期负荷规划和安全运行裕度，设计的容量留有裕度较大。近两年，110 kV 城 ×、北 ×、袁 × 等新站投运切带负荷，减少了 35 kV 各站的负荷。具体见表 5-11。

表 5-11　主变压器年最大负载率统计

变压器电压等级	年最大负载率 < 10%(台)	占比（%）	10% ≤年最大负载率 < 30%(台)	占比（%）	年最大负载率 > 70%(台)	占比（%）
330 kV	0	0	0	0	0	0
220 kV	0	0	0	0	0	0
110 kV	5	14.71	12	35.29	3	8.82
66 kV	0	0	0	0	0	0
35 kV	4	9.01	5	11.36	1	2.27

针对此类问题,应统筹考虑供电可靠性和经济性,在满足重要负荷用户供电可靠性的基础上,适当调整电网运行方式,满足主变压器容量和负荷匹配。

2. 高峰、低谷时功率因数不满足标准变压器统计

选取 8 月 4 日为最大负荷日、1 月 16 日为最小负荷日进行了各变电站主变压器高峰负荷时最小功率因数及低谷负荷时最大功率因数统计,区域电网在高峰负荷时功率因数低于 0.95 的主变压器共有 9 台,占变压器总数的 11.54%;其中莲 ××3 台主变压器、中 ××2 台主变压器、新 ××1 台主变压器高峰负荷日未投入运行,运行主变压器中仅黄 ×3 台主变压器功率因数不满足要求,黄 × 站为煤改电变电站,在 8 月 4 日变电站负载率处于较低水平,1 号主变压器负载率为 6%、2 号主变压器负载率为 3.9%、3 号主变压器负载率为 5%,有功功率较低,导致黄 × 站高峰时刻最小功率因数偏低;低谷负荷时功率因数高于 0.95 的主变压器共有 42 台,占变压器总数的 53.85%。

主要原因:一是王 ×× 庄 1、2 号主变压器、新 ××2 号主变压器、袁 ×3 号变压器、岳 ××3 号变压器等 5 台主变压器在低谷负荷时电容器未全部切除,对低谷功率因数不满足要求有一定影响;二是城 ×、城 ××、太 ××、五 ×× 等变电站电缆线路较多;三是区域内变电站都受 AVC 系统控制,目前采用的 AVC 系统主要考虑母线电压,对功率因数的调整不够优化。

采取措施:一是结合 D5000 系统投入运行,进一步优化 AVC 策略;二是均衡变电站负载率,调整轻载主变压器负荷情况,提高主变压器有功功率水平,提高主变压器在高峰和低谷时均能满足标准要求。

高峰或低谷负荷时功率因数:通过对 AVC 系统进行优化升级,采用更合理的 AVC 策略,在保证电压合格的同时保证功率因数的合理;35 kV 菜 × 站、阎 ×× 站两座变电站为设备老旧,不具备远方控制条件,不具备投入 AVC 系统的条件。具体见表 5-12。

表 5-12　高峰或低谷负荷时功率因数不满足标准值变压器统计

变压器电压等级	功率因数不满足要求变压器数量（台）			
	高峰时		低谷时	
	功率因数小于 0.95 变压器数量（台）	占比（%）	功率因数大于 0.95 变压器数量（台）	占比（%）
330 kV	0	0.00	0	0.00
220 kV	0	0.00	0	0.00
110 kV	8	23.53	21	61.76
66 kV	0	0.00	0	0.00
35 kV	1	2.27	21	47.72
合计	9	11.54	42	53.85

3. 无功补偿装置投运情况

区域电网无功补偿装置的运行,存在 4 组电容器未投入运行,主要原因是大 ×× 站 2062、2064,袁 × 站 2061、2062 电容器长期未投入,主变压器在高峰负荷时功率因数满足要求,在低谷负荷时功率因数偏高,存在 7 组电容器频繁投切问题,均为最大投切次数超标。城 ×、黑 ××、开 ×× 站无功设备 2019 年进行改造,处于调试阶段,故日投切次数较高;新 ××、八 ×× 地区在春耕时节负荷波动较大,导致电容器投切频繁。

采取的措施是针对高峰、低谷期间主变压器功率因数不满足要求问题,加强分析,及时控制电容器投切,确保主变压器功率因数满足要求。无功补偿装置投运情况见表 5-13。

表 5-13　无功补偿装置投运情况

变电站电压等级	长期投入电容器组统计（年累计运行时间超过 3 600 h）		未投入电容器组统计（年投切次数为 0 次）		频繁投切电容器组统计（年投切次数大于 1 000 次或日投切大于 10 次,投、切各一次计为投切一次）	
	电容器数量（组）	占比（%）	电容器数量（组）	占比（%）	电容器数量（组）	占比（%）
330 kV	0	0.00	0	0.00	0	0.00
220 kV	0	0.00	0	0.00	0	0.00
110 kV	0	0.00	4	5.41	0	0.00
66 kV	0	0.00	0	0.00	0	0.00
35 kV	0	0.00	0	0.00	7	9.46
合计	0	0.00	4	2.70	7	4.73

5.3.3　输电线路降损评价

对照《国家电网有限公司技术降损工作管理规定》相关条款,对输电线路负载率进行全面评价,评价情况见表 5-14。

表 5-14　输电线路年最大负载率统计表

线路电压等级	年最大负载率 < 10%（条）	占比（%）	10% ≤年最大负载率< 30%（条）	占比（%）	年最大负载率 > 70%（条）	占比（%）
330 kV	0	0	0	0	0	0
220 kV	0	0	0	0	0	0
110 kV	11	37.93	5	17.24	0	0
66 kV	0	0	0	0	0	0
35 kV	12	27.08	16	33.33	0	0
合计	23	29.87	21	27.27	0	0

从电网安全、经济等维度综合分析,共计 44 条输电线路存在降损潜力,需要逐一深入开展论证分析,采取有效的技术降损措施,降低电网损耗。输电设备降损评价发现的主要问题包括:区域内负载率在 10% 以下的轻载输电线路有 23 条,占全部线路的 29.87%;负载率在 10%~30% 的输电线路有 21 条,占全部线路的 27.27%;无负载率在 70% 以上的重载输电线路。×× 二线等 16 条 110 kV 输电线路和双 × 线等 28 条 35 kV 输电线路轻载的主要原因:一是对于新投变电站电源线,新变电站负荷较轻;二是对于用户专线,用户负荷一直处于低水平;三是对于变电站间联络线,用于事故情况下紧急支援作用,需处于低载水平;四是对于之前在运线路,所供变电站负荷一直处于低水平或者被新站切改。

针对此类问题,应统筹考虑供电可靠性和经济性,在满足重要负荷用户供电可靠性的基础上,适当调整电网运行方式,满足输电线路的负荷匹配。同时,进一步优化电网运行方式,通过线路切改、业扩报装等措施积极发展轻载输电线路所带公用变电站主变压器中低压侧负荷接入,提高线路负载率。

5.3.4　配电设备降损评价

对照《国家电网有限公司技术降损工作管理规定》相关条款,对高耗能配电变压器、配电变压器负载率、无功补偿配置、配电变压器功率因数、配电变压器三相不平衡、配电变压器低电压等方面进行全面评价。

从电网安全、经济等维度综合分析,共计 3 175 个配电台区存在降损潜力,需要逐一深入开展论证分析,采取有效的技术降损措施,降低电网损耗。

高耗能配电变压器统计见表 5-15。

表 5-15　高耗能配电变压器统计

配电变压器型号	数量(台)	占比(%)
油浸式无励磁 S9(运行 20 年以上)	0	0
S8	0	0
S7	0	0
SBH	0	0
SC	0	0
SJ	0	0
合计	0	0

区域电网年最大负载率小于 10% 的配电变压器有 1 061 台,占比为 22.72%;年最大负载率在 10%~30% 的配电变压器有 2 093 台,占比为 44.83%;年最大负载率大于 80% 的配电变压器有 21 台,占比为 0.45%,具体见表 5-16。

表 5-16　配电变压器最大负载率统计

变压器电压等级	年最大负载率 < 10%(台)	占比(%)	10% ≤年最大负载率< 30%(台)	占比(%)	年最大负载率 > 80%(台)	占比(%)
10(20/6)kV	1 061	22.72	2 093	44.83	21	0.45

方××04台区等年最大负载率小于30%的配电变压器共3 154台,占比为67.55%,主要原因:一是新送电住宅小区或已送电住宅小区入住率低;二是煤改电区域电网建设标准较高,根据市公司要求,分散式为户均9 kV·A、集中式为户均12 kV·A,经实际测量,集中式、分散式实际最大负荷均为户均3 kV·A左右。

采取措施:一是对具备条件的轻载配电变压器轮换停运其中一台或几台配电变压器等,减少变压器空载损耗;二是针对集中式"煤改电"季节性特点,非供暖季对变压器转为停用状态。

新××03台区等年最大负载率大于80%的配电变压器有21个,主要原因是老旧台区负载率较大。

采取措施:一是优化供电分区,通过低压负荷切改等措施,均衡部分重载配电变压器负荷,使配电变压器处于经济运行状态;二是储备重载变压器增容改造。

区域电网无全年最大负荷日功率因数小于0.95的配电变压器,见表5-17。

表 5-17　全年最大负荷日功率因数不满足标准配电变压器情况

	配电变压器(台)	占比(%)
低压侧日平均功率因数< 0.95	0	0

区域电网无最大负荷月5 d以上三相不平衡的配电变压器,见表5-18。

表 5-18　最大负荷月5 d以上三相不平衡配电变压器情况

统计时间	5 d以上三相不平衡配电变压器(台)	占比(%)
最大负荷月	0	0

区域电网无最大负荷月台区电压越下限的配电变压器,见表5-19。

表 5-19　最大负荷月台区电压越下限情况

统计时间	发生低电压的台区数量(台)	占比(%)
最大负荷月	0	0

5.3.5　配电线路降损评价

对照《国家电网有限公司技术降损工作管理规定》相关条款,对高损配电线路、负载率、功率因数等方面进行全面评价。

从电网安全、经济等维度综合分析,共计187条配电线路存在降损潜力,需要逐一深入开展论证分析,采取有效技术降损措施,降低电网损耗。配电设备降损评价发现的主要问题如下。

1. 高损配电线路

通过同期线损取负荷最大月的高损线路数据(表5-20),发现有31条配电线路月线损率大于6%。财×Ⅱ231等31条配电线路在最大负荷月同期线损系统标记为高损配电线路,占比为7.91%。其主要原因:一是线路负荷小,且线路仅带几个轻载配电台区,配电变压器空载损耗占比较高;二是10 kV高压用户或台区关口表表底缺失;三是部分为老旧线路,供电半径长等。

表5-20　同期线损系统高损配电线路统计

电压等级	高损线路数量(条)	占比(%)
10(20/6)kV	31	7.91

2. 配电线路经济运行

区域电网年最大负载率小于10%的配电线路有94条,占比为23.98%;年最大负载率在10%~30%的配电线路有81条,占比为20.66%;无年最大负载率大于80%的配电线路,具体见表5-21。

表5-21　配电线路年最大负载率统计

电压等级	年最大负载率<10%(条)	占比(%)	10%≤年最大负载率<30%(条)	占比(%)	年最大负载率>80%(条)	占比(%)
10(20/6)kV	94	23.98	81	20.66	0	0

北××62等175条配电线路年最大负载率小于30%,占比为44.64%。其主要原因:一是近两年住宅小区建设较多,根据报装容量,电网公司同步开展电网建设,但大多数小区入住率较低;二是"煤改电"区域建设标准较高,多数线路负载率较低。

采取措施:一是优化运行方式,针对小区入住率较低问题,在保障供电可靠性的基础上,合理调整运行方式,利用轻载线路切带负荷较大线路;二是优化网架架构,结合"十四五"规划,优化供电分区,加大联络开关建设,完善网架结构。

区域电网无最大负荷月配电线路平均功率因数小于0.9的配电线路,见表5-22。

表 5-22　最大负荷月配电线路平均功率因数

电压等级	平均功率因数＜0.9 的配电线路数量（条）	占比（%）
10（20/6）kV	0	0

5.3.6　技术降损综合分析

1. 存在问题

1）电网负荷结构不合理，变压器运行不经济

地区负荷分布密度存在差异化，负荷分布不均衡，变电站主变压器存在轻载、重载等问题，设备未在合理的经济运行区间，网损增加。隋××、周××、岳××负荷较大，变压器重载超过 70%，现有站线路负荷较大，损耗较大。阎 ××1 号主变压器为老旧变压器，运行超过 20 年，变电站只有一条出线，耗能较大。由于地区经济规划留有裕度，今年投运 5 个 110 kV 变电站，目前主变压器均处在较低负载运行状态。

2）地区无功分布不均衡，无功功率调整困难

区域电网的无功补偿配置根据电网情况，从整体上考虑无功补偿设备在各电压等级变电站、10 kV 及以下配电网和用户侧配置的协调关系，实施分散就地补偿与变电站集中补偿相结合，电网补偿与用户补偿相结合，高压补偿与低压补偿相结合的原则，无功补偿装置在系统最大负荷时无功总体平衡，从各站电容器投入情况来看，基本实现了无功分层分区平衡，存在 9 台主变压器在高峰负荷日功率因数不满足要求的情况，其中连 ××3 台主变压器、中 ××2 台主变压器、新 ××1 台主变压器高峰负荷日未投入运行，运行主变压器中仅黄 ×3 台主变压器功率因数不满足要求；存在的主要问题为在低谷负荷日，在大部分电容器切除情况下，55.26% 的主变压器功率因数大于 0.95，低谷负荷日功率因数调整存在困难。

3）地区低压负荷分布不合理，配电设备不经济运行

地区老旧台区负载率较高，煤改电区域根据季节性特点，供暖期经济运行，非供暖期为优化经济线路，集中式煤改电台区退运，分散式台区依然存在，线路占比较多，导致非经济运行的台区线路较多。尔 ××21、尔 ××112、珠 ×214、南 ××27、大 ××13 等线路老旧线路段多，供电半径大，线路损耗较大，造成高损线路。

2. 措施建议

1）调整电网负荷结构，提高变压器经济运行水平

做好工程项目规划，调整电网负荷结构，对负荷合理有序地开展切带，实现负荷的均衡分布，逐步消除变压器轻载、重载问题，提高变压器经济运行效益与水平。对周 ××2 号变压器、隋 ××3 号变压器、岳 ××2 号变压器进行负荷调整，投运的出线切走负荷，降低主变压器负载，降低损耗。对阎 ×1 号变压器进行负荷全部切走，老旧变电站退运，提高整体经济运行水平。

2)提升地区无功电压管理

加强电网无功电压管理,注重 AVC 策略管理,做到系统及时投切无功设备,消除母线电压越限现象,达到优化无功潮流的目的。同时,加强调控员监控力度,在系统无法及时调节时,手动投切无功设备。进一步研究 AVC 策略,在确保关口功率因数合格的基础上加强人工干预,通过改变电网中可控无功电源的出力,适时开展无功补偿设备的投切及变压器分接头的调整,提高电压质量,做到关口功率因数合格、母线电压合格、网损最低。

3)针对线损较高线路进行经济治理

对老旧线路进行导线绝缘化改造,对尔 ××21 线路通过 10 kV 线路切改解决其供电半径过大问题,切走负荷后,可解决线路高损的问题。同时,对尔 ××112、南 ××27 等线路段的老旧线路进行导线更换,降低线路损耗,使线路运行更加经济。

5.3.7　技术降损计划

针对技术降损评价发现的问题,按照“先方式,后项目”原则,制定运行方式优化等降损措施 5 项,提出高损线路及台区改造、高耗能设备更换、无功优化等储备项目 6 项。

技术降损措施及项目计划涉及主变压器 0 台、变电站无功补偿装置 0 组、输电线路 0.00 km、配电变压器 0 台、配电线路 13.30 km、配电网无功补偿装置 0 组。

1. 变电设备降损措施(含储备项目)分析

措施 1:隋 ×× 站 3 号主变压器,型号为 SSZ10-50000/110,该主变压器年最大负载率为 92%,属重载变压器,需要合理调整变压器的投切及负荷分配;开展 35 kV×× 线间隔调整,降低隋 ×× 站 3 号变压器负荷 14 000 kW,大 ×× 站 2 条 10 kV 出线切带 ××33 线路负荷 2 500 kW,预计共切走负荷 16 500 kW,预计隋 ×× 主变压器最大负载率从 92% 降至 59%,节省电量 14.15 万 kW·h,年节能收益为 6.19 万元。

措施 2:周 ××2 号主变压器,型号为 SSZ10-50 000/110,该主变压器年最大负载率为 79%,属重载变压器,需要合理调整变压器的投切及负荷分配;通过 10 kV 切改 ××I218、××II232、××I 周 11、嘉 ×II 周 21、珠 ×214、尹 ××23,降低周 ×× 站 2 号变压器负荷,共切走负荷 17 000 kW;预计周 ××2 号主变压器最大负载率从 79% 降至 45%,节省电量 19.21 万 kW·h,年节能收益为 8.40 万元。

措施 3:岳 ××2 号主变压器,型号为 SSZ10-50000/110,该主变压器年最大负载率为 72%,属重载变压器,需要合理调整变压器的投切及负荷分配;牛 ×× 变电站 1 条 10 kV 出线切带松 ×I24,岳 ×× 站 1 条 10 kV 出线切带宝 ××22、城 × 站 27 均衡岳 ×× 站天 ×II25 负荷,史 ×× 站史 24 均衡岳 ×× 站沟 ××21 负荷,通过 10 kV 切改降低岳 ××2 号变负荷,共切走负荷 13 500 kW,降低岳 ×× 主变压器重载;预计岳 ××2 号主变压器年最大负载率从 72% 降至 45%,节省电量 26.59 万 kW·h,年节能收益为 11.62 万元。

措施 4:阎 ×1 号主变压器,型号为 SLZ7-6300/35,该主变压器年最大负载率为 77%。阎站仅有 1 条 kV 线路为尔 ××112 线路,由 35 kV 尔 ×× 变电站 10 kV 出线切带该线路负荷,该老旧变压器进行退运,预计节省电量 9.86 kW·h,年节能收益为 4.31 万元。

2.输电线路降损措施(含储备项目)分析

区域电网 2020 年度暂无输电降损项目的储备计划。

3.配电设备降损措施(含储备项目)分析

区域电网 2020 年度暂无配电设备降损项目的储备计划。

4.配电线路降损措施(含储备项目)分析

措施:对尔 ××21 线路进行负荷调整,尔 ××21 线路长度为 38 km,供电半径较大,线路线损为 10.019 3%,线路年平均电流为 115.07 A,从联络点将负荷切至黄 ××21、李 ××11 等线路,缩短供电半径后线路长度为 27 km,预计节省电量 78.64 kW·h,年节能收益为 34.36 万元。

项目 1:对尔 ××112 线路进行节能改造,对老旧型号导线进行更换。原导线型号为 LJ-50,导线电阻为 0.63 Ω/km,年平均电流为 98.56 A,线路长度为 1.2 km,改造后导线型号为 JKLYJ-150,导线电阻为 0.206 Ω/km;项目预计总投资金额为 18 万元,预计年节约电量 12.95 万 kW·h,年节能收益为 5.66 万元,项目回收期为 3.18 年。

项目 2:对珠 ×214 线路进行节能改造,对老旧型号导线进行更换。原导线型号为 LJ-70,导线电阻为 0.45 Ω/km,年平均电流为 94.97 A,线路长度为 1.3 km,改造后导线型号为 JKLYJ-150,导线电阻为 0.206 Ω/km;项目预计总投资金额为 19.50 万元,预计年节约电量 7.50 万 kW·h,年节能收益为 3.28 万元,项目回收期为 5.95 年。

项目 3:对郝 ×× 双 13 线路进行节能改造,对老旧型号导线进行更换。导线电阻为 0.358 Ω/km,年平均电流为 112.17 A,线路长度为 0.04 km,改造后导线型号为 JKLYJ-150,导线电阻为 0.206 Ω/km;项目预计总投资金额为 0.6 万元,预计年节约电量 0.32 万 kW·h,年节能收益为 0.14 万元,项目回收期为 4.26 年。

项目 4:对南 ××27 线路进行节能改造,对老旧型号导线进行更换。原导线型号为 LJ-50,导线电阻为 0.63 Ω/km,年平均电流为 117.98 A,线路长度为 2.049 km,改造后导线型号为 JKLYJ-150,导线电阻为 0.206 Ω/km;项目预计总投资金额为 30.73 万元,预计年节约电量 31.69 万 kW·h,年节能收益为 13.85 万元,项目回收期为 2.22 年。

项目 5:对大 ××13 线路进行节能改造,对老旧型号导线进行更换。原导线型号为 LJ-70,导线电阻为 0.45 Ω/km,年平均电流为 96.52 A,线路长度为 0.561 km,改造后导线型号为 JKLYJ-240,导线电阻为 0.125 Ω/km;项目预计总投资金额为 8.41 万元,预计年节约电量 4.45 万 kW·h,年节能收益为 1.95 万元,项目回收期为 4.33 年。

项目 6:对西 ××14 线路进行节能改造,对老旧型号导线进行更换。原导线型号为 LJ-50,导线电阻为 0.63 Ω/km,年平均电流为 88.22 A,线路长度为 8.147 km,改造后导线型号为 JKLYJ-150,导线电阻为 0.206 Ω/km;项目预计总投资金额为 122.20 万元,预计年节约电量 70.46 万 kW·h,年节能收益为 30.79 万元,项目回收期为 3.97 年。